101 Dinge, die ein Fahrrad-Fan wissen muss

1871 kam das erste Ganzmetall-Hochrad auf den Markt.

Andrea Reidl

101 Dinge die ein Fahrrad-Fan wissen muss

Inhalt

Vorwort 9

1 Endlich mobil | Alles beginnt mit einem Laufrad aus Holz 10
2 Ein Hochrad zähmen | Zeitvertreib und Sportgerät für Wohlhabende 12
3 Gut und günstig | Das Fahrrad wird serienreif und erschwinglich 14
4 Klein, aber oho | Das Safety-Sicherheitsrad 16
5 Mit dem Rad in den Krieg | Spezielle Modelle für den Militärdienst 17
6 ABC, der erste Radsportclub | Radfahren ist ein Sport für die Elite 18
7 Tollkühne Radabenteurer | Die erste Tour de France startet 20
8 Ab jetzt wird geschaltet | Das Fahrrad wird fit für die Zukunft 22
9 Zeitverlust mit Folgen | Tullio Campagnolo startet Fahrradtuning 23
10 Ein Rohrsatz zum Träumen | Reynolds Rohre garantieren feinste Rahmen 24
11 Fünf Jahrzehnte Vormacht | Das Fahrrad erleichtert sozialen Aufstieg 26
12 Wir werden Fahrradstadt! | Bürgerprotest gegen Blechkolonnen 28
13 Lobby für Radfahrer | ADFC-Gründung – Radfahren wird politisch 31
14 Gut gefedert | Das Mountainbike inspiriert die Fahrradwelt 34
15 Eine runde Sache | Die Scheibenbremse am Fahrrad 35
16 Nie mehr Schläuche flicken | Schlauchlos Radfahren für jedermann 36
17 Und es hat Klick gemacht | Systempedale schaffen feste Bindungen 38
18 Führungssache | Entscheidung beim Kauf: Kette oder Riemen 40
19 Endlich Licht | Gut sehen und gesehen werden 42
20 Schlankheitskur fürs Fahrrad | Lust und Nutzen der Gewichtsreduktion 44
21 Geschaltet | Luxus pur: elektronisch Gänge wechseln 45
22 Gut behütet | Fahrradhelme werden immer attraktiver 46
23 Schlechte Noten für Münster | Das Fahrradparadies verpasst den Anschluss 48
24 101 km quer durch den Pott | Der RS1 ist Europas längster Radschnellweg 50
25 Flaniermeile in luftiger Höhe | Wuppertal: Bahntrasse wird zum Radweg 52
26 Volksentscheid Fahrrad | Berlin: Per Bürgerprotest zum Radgesetz 54
27 Das Dienstrad vom Chef | Gleiche Steuervorteile für Rad- und Autofahrer 56
28 SkyCycle-Highway in China | Stelzenradweg führt sicher durch die Stadt 58
29 Der Radweg als Kraftwerk | Straßenbelag als Energiequelle der Zukunft? 60
30 Schöner parken | Utrecht bekommt ein stilvolles Parkhaus 62
31 Schicke „Fahrradschlange" | Luxusbrücke bringt Radler rasch ans Ziel 64
32 Radstopp am Kühlschrank | Malmö fördert Radfahren als Lifestyle 65
33 Radbrücke als Wahrzeichen | Helsinki setzt auf nachhaltige Mobilität 66
34 Spaniens Fahrradhauptstadt | Vitoria-Gasteiz: Ein Zentrum ohne Autolärm 68

Per Laufradtausch wird das normale Fahrrad zum E-Bike: In der roten Radnabe im Hinterrad sind Motor, Akku, Steuerelektronik und Sensoren verborgen.

35 Prima Klima in Portland | Weltoffen, Fahrrad-verliebt und etwas crazy 70
36 Rad fahren trotz Tiefschnee | Wintercycling ist Oulus Markenzeichen 72
37 Und sie tun es doch! | Viel Spott und Häme für Dreirad-Pionierinnen 74
38 Tabubruch in Afghanistan | Rennradlerinnen trainieren für Olympia 76
39 Fancy Women Bike Ride | Türkei – Protesttour mit Hut und Pumps 78
40 Akrobatin auf dem Rad | Eine Frau zeigt Peking: Alltagsradeln ist cool 80
41 Susanne Puello | Diese Frau prägt die Fahrradbranche 82
42 Mobil mit den Kleinsten | Lieblingsplätze für den Nachwuchs 84
43 Mein erstes Fahrrad | Kinderräder müssen leicht sein und passen 86
44 Mit Knirpsen auf Tour | Bei Radreisen mit Kindern ist der Weg das Ziel 88
45 E-Bikes für Kids? | Mithalten beim Familienausflug im Gelände 90
46 Unterwegs im In- und Ausland | Radfahrer sind lukrative Kunden 92
47 Die kleine Auszeit | Bikepacking – Minimalisten unterwegs 94
48 Schutzbrief für Radfahrer | Beim Platten kommt der Abschleppdienst 95
49 Bikefitting | Rad nach Maß fürs schmerzfreie Fahren 96
50 Sattelfest | Geht doch: bequem Sitzen auf jeder Tour 97
51 Trittsicher | Ursachen für taube oder schmerzende Füße 99
52 Alles im Griff | Richtige Handposition für die perfekte Kontrolle 100
53 Bike-Sharing | Asiatische Start-ups verändern den Markt 102
54 Leih dir dein Lieblingsrad | Online-Fahrradvermietung für jedermann 105
55 Lastenradtest für Privatpersonen | Freie Cargobikes, eine Idee macht Schule 106
56 Schneller, weiter, überholt | 24-Jährige gewinnt Rekordjagd nach 365 Tagen 108
57 Race across America | In sieben Tagen vom Pazifik zum Atlantik 110
58 Paris–Brest–Paris | Der älteste Radmarathon der Welt 112
59 Mit Wolltrikot und Lederhaube | L'Eroica – ein Fest für Vintage-Fans 114
60 Solotrips mit Selbstversorgung | Mit dem Mountainbike durch die Wildnis 116
61 Was ist was? | E-Bike, Pedelec und S-Pedelec 118

Lastenrad statt Auto: Das Cargobike-Sharing wächst stetig.

62 Persönliche Vorliebe | Antriebe: Wahl zwischen Zug und Schub 119

63 Pimp dein Lieblingsrad! | Marktnische Nachrüstantriebe 120

64 All inclusive am Hinterrad | Superpedestrian: Per Laufradtausch zum E-Bike 122

65 ABS für E-Bikes | Antiblockiersysteme schützen vor Stürzen 124

66 Mehr Power fürs E-Bike | Mit Tuningset zum Kleinkraftrad 125

67 Die Schwertransporter | Lastenrad – Fahrzeuggattung mit Potenzial 126

68 E-Bikes für Autobahnpendler | Die Niederlande verschenken Elektrofahrräder 128

69 Mehr als eine Spielerei | Mit Apps die Radinfrastruktur verbessern 129

70 Vorteil Vernetzung | Connected Bike mit Notruffunktion 130

71 Grüne Welle | Zur Arbeit radeln, ohne anzuhalten 132

72 Digitale Sinnesschärfung | Vernetzung steigert die Sicherheit der Radler 134

73 Alarm, Alarm! | Mit Apps und GPS gegen Fahrradklau 136

74 Critical Mass: Macht Platz! | Protesttour im Feierabendverkehr 138

75 Cycling without age | Ausfahrten für Rentner in der Fahrrad-Rikscha 140

76 Ride of Silence | Erinnerungsfahrt an getötete Radfahrer 142

77 Fahranfänger 40+ | Praxisübungen mit Muße und Mathematik 144

78 Fahrrad-Sternfahrt | Protestfahrt für sichere Radwege 146

79 Die wollen nur spielen | Bikepolo verlangt perfekte Fahrkünste 148

80 Bambusrad | Der Rahmen wächst im Wald 150

81 Bonanzarad | Ein Kindertraum mit Fuchsschwanz 152

82 Cityrad | Solider Begleiter für die tägliche Fahrt 154

83 Cyclocrosser und Gravelbike | Offroad-Rennradspaß bei jedem Wetter 156

Fahrrad-Lifestyle im Hotel und Wohnhaus Ohboy in Malmö

84 Cruiser | Jeden Tag ein bisschen Baywatch 158
85 Faltrad | Das Schweizer Messer unter den Fahrrädern 159
86 Fatbike | Ein Rad auf dicken Schlappen für Genießer 160
87 Fixie und Singlespeed | Rad fahren für Puristen 162
88 Holzrad | Auf dem Holzweg? 163
89 Klapprad | Von pfui zu hui – das Klapprad wird Kult 164
90 Kompaktrad | Klein, aber oho – ein Rad für die ganze Familie 166
91 Lastenrad | Transporter für Familien und Rad-Freaks 168
92 Liegerad | Unverstellter Blick gen Himmel 170
93 Mountainbike | Von nun an geht's bergab 172
94 Pedersen | Rarität mit Sofaeigenschaften 174
95 Reiserad | Stets ein Hauch von Abenteuer 176
96 Rennrad | Nur ein Hauch von Fahrrad 178
97 Tandem, Triplet und Co. | Stretchlimousinen für zwei und mehr Fahrer 179
98 Tallbike | Radriese aus Resten 180
99 Trekkingrad | Ein Rad für alle Fälle 182
100 Trialbike | Die Stadt wird zum Spielplatz 184
101 Triathlonrad | Gestreckt durch den Windkanal flutschen 186

Quellenhinweise 188
Bildnachweis 190
Impressum 192

Perfekt für den Familienausflug: das Tandem

Vorwort

Zwei Räder, ein Antrieb, Rahmen, Sattel, Lenker und Bremse – die Komponenten, die ein Fahrrad unbedingt zum Laufen braucht, sind überschaubar. Richtig kombiniert, ist das Ergebnis aber überaus effektiv. Wer es darauf anlegt, schafft auf einem Fahrrad 500 Kilometer und mehr am Tag. Selbst auf unbequemen Modellen wie den Hochrädern haben Pioniere mit wenig Geld bereits die Welt umrundet.

Das Fahrrad steht für Freiheit. Es bringt seinen Fahrer jederzeit überallhin. Das ist manchmal anstrengend, doch die Belohnung sind müde Glieder, ein wacher Geist und mehr Gewissheit über die eigenen Fähigkeiten.

Das Revival, das das Fahrrad gerade weltweit erlebt, ist mehr als eine Modeerscheinung: Es passt perfekt ins 21. Jahrhundert als Freizeit- und Sportgerät sowie als cooler Flitzer in der Stadt.

Individuelle Mobilität ist heute in den Stadtzentren nur mit dem Fahrrad wirklich sinnvoll. Auf einer Strecke von fünf Kilometern ist es selbst ohne Motor unschlagbar schnell. Anders als viele Verkehrsplaner glauben, muss man die Menschen nicht vom Radfahren überzeugen. Die meisten können es und tun es gern. Nur nicht in Städten, in denen sie sich zwischen Autos und Bussen ihren Platz erstreiten müssen. Aus Angst um ihr Leben steigen sie lieber ins Auto. Einige Politiker und Planer haben das erkannt und geben den Menschen den Platz zurück, den sie zum Radfahren – und zum Leben – brauchen.

Um all das geht es in diesem Buch. Um die Freiheit beim Radfahren. Um die Menschen, die verrückte oder fantastische Dinge mit ihm tun. Und um die, die es erfunden, weiterentwickelt und zu dem gemacht haben, was es heute ist: ein Allrounder für jeden Einsatz – mit dem manche nur zum Bahnhof fahren und andere bis ans Ende der Welt.

Viel Spaß beim Fahren wie beim Lesen wünscht Ihnen
Andrea Reidl

Endlich mobil

1

Alles beginnt mit einem Laufrad aus Holz

Mobilität war zu Beginn des 19. Jahrhunderts eine einfache Angelegenheit: Die Menschen gingen zu Fuß. Nur wer Geld hatte, reiste per Kutsche oder Fuhrwerk. In diese verträumte wie beschwerliche Idylle platzt Karl Freiherr von Drais 1817 mit seiner hölzernen Laufmaschine. Am 12. Juni fährt er mit ihr von Mannheim nach Schwetzingen. Sein Motor sind seine Beine. Mit der Fußsohle stößt er sich immer wieder vom Boden ab – wie die Kleinkinder heute auf ihren Laufrädern. Die Zuschauer finden das seltsam, sind aber auch beeindruckt. Denn Drais ist flott unterwegs. Gerade mal eine Stunde braucht er für die 14 Kilometer lange Strecke nach Schwetzingen und zurück. Damit schlägt er die Postkutsche, die viermal so lange braucht, um Längen.

Es war eine Revolution, und anfangs lief es auch recht gut für den Freiherrn. Nach seiner Jungfernfahrt ernannte der Großherzog von Baden ihn zum Professor der Mechanik und verlieh ihm ein Privileg für die Draisine, was heute einem Patent entspricht. Doch das Papier interessierte niemanden. Findige Konstrukteure im Ausland kopierten dreist Drais' Erfindung, und innerhalb kürzester Zeit sausten in Europa und Amerika die Nachbauten der Laufmaschine über die Gehwege der Großstädte, ohne dass Drais dafür eine Münze erhalten hätte. Aber die schnellen Laufmaschinen störten die Fußgänger, mit denen sie sich den Gehweg teilten. Es folgten Beschwerden, und prompt wurden die Draisinen auf dem Fußweg verboten. Das war vorerst das Aus für das Laufrad aus Holz, denn die holperigen Straßen waren den Fahrern zu unbequem.

Auftakt für gesellschaftlichen Umbruch

Für Drais bedeutete diese Entwicklung einen herben Rückschlag. Der Forstmeister hatte Physik und Baukunst studiert und bereits etliche Erfindungen gemacht, die jedoch kaum beachtet worden waren. Die Draisine war sein Meisterstück. Allerdings schien niemand die tatsächliche Tragweite seiner Erfindung zu erfassen. Dabei war sie für die damalige Zeit revolutionär. Drais' Laufmaschine läutete einen gesellschaftlichen Umbruch ein. Der Erfinder ebnete den Menschen den Weg für eine neue Mobilität: aus eigener Kraft, mit wenigen Hilfsmitteln, und vor allem … ohne Pferde.

Das ursprüngliche Design der Draisine des Erfinders Karl von Drais von 1817.

Der Erfinder der Laufmaschine: Freiherr Karl von Drais im Jahr 1820.

Der moderne Nachbau der Draisine steht im Technoseum in Mannheim.

Glückloser Erfinder

1817 war dieser Aspekt relevant. Die Bevölkerung Europas hatte gerade eine schlimme Hungersnot erlebt. Auslöser war der Ausbruch des Vulkans Tambora 1815 im heutigen Indonesien gewesen. Sein Auswurf verursachte im Folgejahr eine weltweite Klimakatastrophe mit Missernten. Die Menschen hungerten, viele mussten ihre Pferde schlachten und der Getreidemangel hatte in Mitteleuropa ein Massensterben der Nutztiere zur Folge. Für Drais war das der Auslöser, um seine Laufmaschine zu entwickeln.[1)]

Nach dem Aus der Draisine ging der Freiherr für fünf Jahre nach Brasilien und arbeitete dort unter anderem als Vermessungstechniker. Nach seiner Rückkehr versuchte er noch einmal, seine übrigen Erfindungen an den Mann zu bringen … wieder ohne Erfolg. Während der badischen Revolution von 1848 bekannte er sich als Demokrat, legte seinen Adelstitel ab und stellte sich auf die Seite des Volkes. Doch die Revolution scheiterte und Drais starb zwei Jahre später völlig verarmt in Karlsruhe.

Ein Hochrad zähmen

2

Zeitvertreib und Sportgerät für Wohlhabende

Drais' Erfindung des Laufrads brachte ihm zwar zu Lebzeiten weder Geld noch Ruhm, aber sie inspirierte technikaffine Bastler in ganz Europa. Über Jahrzehnte entwickelten Konstrukteure unabhängig voneinander die Laufmaschine permanent weiter. Der französische Mechaniker Ernest Mechaux setzte erstmals Kurbel und Tretpedal in der Laufmaschine ein. Der Engländer James Starley übernahm die Technik, träumte aber von einer deutlich agileren Maschine und veränderte die Laufradgrößen. Das Ergebnis war das Hochrad: eine echte Rennmaschine, aber schwer zu zähmen.

Fahrlehrer als Stoßdämpfer

Wer in den 1880er-Jahren Hochrad fahren wollte, engagierte deshalb lieber gleich einen Fahrlehrer. Das machte der Schriftsteller Mark Twain. Wenn man seiner Kurzgeschichte „Wie man das Hochrad zähmt“ glaubt, war der bekannte Schriftsteller alles andere als ein Naturtalent. Hatte er es endlich in den Sattel geschafft, verlor er schnell die Kontrolle. Das war schmerzhaft, insbesondere für seinen Fahrlehrer. Denn sobald Twain in 1,5 Metern Sattelhöhe ins Schlingern geriet, visierte er seinen Fahrlehrer an und stürzte sich zielsicher auf ihn.[2)] Immer und immer wieder. Irgendwann musste der Fahrlehrer schwer verletzt ins Krankenhaus. Aber der Ehrgeiz hatte beide gepackt. Kaum hatte der Lehrer das Hospital verlassen, rückte er mit vier Helfern bei Twain an und setzte den Unterricht fort. Mit Erfolg. Irgendwann konnte der Schriftsteller sein Hochrad „reiten“.

Weltreise auf Hochrad

Sein Kollege Thomas Stevens war eindeutig begabter als Twain. Der anglo-amerikanische Journalist und Autor brach 1884 in San Francisco auf einem schwarzen Columbia-Hochrad zu einer Weltreise auf – damals ein echtes Abenteuer. Stevens wurde verhaftet, überfallen und musste oft umkehren, weil ihm die Weiterreise verwehrt wurde. Zum Schutz vor wilden Tieren und Räubern hatte er stets eine Pistole griffbereit, die er auch benutzte. Aber auch ohne Angriffe war die Fahrt kein Zuckerschlecken. Die Pedale eines Hochrads sind starr mit der Achse verbunden, das heißt: Es gibt weder Freilauf noch Rücktrittbremse. Sobald das Rad rollt,

Thomas Stevens hat als erster Mensch die Welt auf einem Fahrrad umrundet.

drehen sich die Pedale. Die Bremse am Lenker fungierte eher als Alibi. Gebremst wurde das Rad durch Gegendruck auf die Pedale. Wenn Stevens beim Bergabfahren zu schnell wurde, blieb ihm nur eins: Füße von den Pedalen nehmen und abspringen – im Idealfall in einen Graben. Zwei Jahre lang war Stevens unterwegs. Für ihn hatte sich die Reise gelohnt. Sein Buch über die Reise machte ihn weltberühmt.

Anleitung zum Hochradfahren

Zum Aufsteigen nimmt man das hintere, kleine Rad zwischen die Füße und legt sich weit auf den Sattel, um den Lenker fassen zu können. Dann setzt man die linke Fußspitze auf den Aufsteiger, stößt sich mit dem rechten Fuß kräftig ab, lässt sich in den Sattel gleiten, setzt die Füße auf die Pedale und tritt sofort los.

Gut und günstig

Das Fahrrad wird serienreif und erschwinglich

3

Ein Hochrad war 1880 ein Luxusspielzeug für Wohlhabende. Sein Kaufpreis entsprach etwa dem Jahresgehalt eines Arbeiters. Entsprechend fasziniert verfolgte der junge Ingenieur Heinrich Kleyer in dieser Zeit ein Hochradrennen in Boston. Die Geschwindigkeit der Fahrer begeisterte den Deutschen, aber er war auch skeptisch und fragte sich, was die Räder wirklich leisteten. Um das herauszufinden, verabredete er sich zu einem Wettstreit: Kleyer trat als Läufer gegen einen Hochradfahrer an. Der Deutsche verlor das Rennen und fasste einen Plan. Zurück in Deutschland, gründete Kleyer die „Maschinen- und Veloziped-Handlung" in Frankfurt und begann, Hochräder aus England zu verkaufen. Allerdings war das Geschäft für ihn weit mehr als nur ein Business. Kleyer war inzwischen selbst ein ebenso begeisterter wie begabter Hochradfahrer. Regelmäßig startete er bei Rennen, die er häufig auch gewann. Er gründete den ersten Frankfurter Bicycle-Club und ließ für die Radsportler ein Velodrom bauen.

Qualität und Serienproduktion

1886 begann der Unternehmer selbst Fahrräder zu bauen. Er setzte auf die neueste Entwicklung, die sogenannten „Safetys", auch Niederräder genannt. Die kleinen Räder mit Diamantrahmen und Kettenantrieb waren damals ein Novum. Seine Marke nannte Kleyer „Adler". Er verbaute feinste Qualität und neueste Technologie wie Luftreifen – und das zahlte sich aus. Bereits vier Jahre später erhielt er auf

Novum: Der junge Ingenieur Heinrich Kleyer setzte auf das Niederrad mit Kettenantrieb.

Zu Spitzenzeiten wurden pro Jahr mehr als 4,2 Millionen „Raleigh Cycles" verkauft.

der Weltausstellung in Chicago für seine Marke als Auszeichnung die begehrte Goldmedaille. Das Pendant zu Kleyer in England war Frank Bowden. Als junger Mann hatte er in Hongkong an der Börse ein Vermögen gemacht. Nachdem er krank nach England zurückgekehrt war, riet ihm sein Arzt, mit dem Radfahren zu beginnen. Bowden kaufte sich in Nottingham in der Raleigh Street bei Woodhead, Angois und Ellis ein Dreirad. Das Pedalieren half ihm. Er erholte sich und kaufte schließlich das Unternehmen von Woodhead, Angois und Ellis, das damals gerade mal drei Fahrräder pro Woche baute. Bowden, ein cleverer Geschäftsmann, optimierte die Produktion, erweiterte das Angebot und innerhalb von nur sechs Jahren machte er die Manufaktur zum größten Fahrradunternehmen der Welt. Unter dem Namen „Raleigh Cycles" wurden in Spitzenzeiten mehr als 4,2 Millionen Fahrräder pro Jahr gefertigt. Heute gehört Raleigh zur Raleigh Univega GmbH und ist Teil des größten deutschen Fahrradherstellers – der Derby Cycle Holding.[3)]

Klein, aber oho

4 Das Safety-Sicherheitsrad

Einen „Kriecher für ängstliche Fahrer“ nannte die britische Presse das erste Modell des Engländers John Kempf Starley. Zugegeben, der innovative Geist hatte seinen Landsleuten viel zugemutet. Sein Modell „Rover“ (Wanderer) war, verglichen mit dem Hochrad, ein Winzling. Der Fahrer saß mitten zwischen den Rädern und kam sogar mit den Füßen auf den Boden. Doch das war nicht das Einzige, was die Radfahrer irritierte. Starley verwendete den neuen Kettenantrieb. Das heißt: In seinem „Rover“ wurde mit dem Vorderrad gelenkt, der Antrieb steckte im Hinterrad. Das war zu viel für die Öffentlichkeit. Die Kombination aus Antrieb- und Designwechsel verwirrte die Menschen. Sie konnten die Vorteile nicht verstehen und verspotteten den klugen Kopf. Starley ließ sich jedoch nicht beirren, überarbeitete sein Modell und plante den Auftritt seines „Rover II“ akribisch. In einem öffentlichen Straßenrennen sollte „Rover II“ gegen Hochräder antreten. Als Fahrer verpflichtete Starley den Radprofi George Smith. Im September 1885 schließlich war es so weit. Smith siegte souverän und stellte über die 100 Meilen auch gleich einen Weltrekord auf.

Das Hochrad ist passé

Das bedeutete den Durchbruch. Starleys Safety löste das Hochrad ab. Eine Epoche war zu Ende. Das „Rover Safety Bicycle“ war ein Meilenstein in der Entwicklungsgeschichte des Fahrrads. Noch heute wird der trapezförmige Rahmen für die meisten Räder, vom Rennrad bis zum Mountainbike, verwendet. Der „Rover II“ ist die Urform des heutigen Fahrrads.

Neues Design – der Diamantrahmen bildet die Urform des heutigen Fahrrads.

Mit dem Rad in den Krieg

5

Spezielle Modelle für den Militärdienst

Kaum war das Fahrrad den Kinderschuhen entwachsen, testeten die Armeen sein Potenzial für den Kriegseinsatz. Seine Vorteile waren aus militärischer Sicht eindeutig: Anders als Pferde waren Fahrräder leise, pflegeleicht und brauchten weder Futter noch Wasser. Recht bald hatten die Fahrradhersteller die Armee als kaufkräftige Zielgruppe erkannt. Ende der 1880er-Jahre gehörten spezielle Militär- und Jagdfahrräder nebst Zubehör zum Sortiment. Die Gewehrhalterung am Oberrohr und die Befestigung für Rucksack und Patronengurt an der Vorderradgabel waren Standard. Das Zubehör wurde ständig ans neueste Kriegsgerät angepasst. Neben den herkömmlichen Rädern mit hohen Tretlagern, die die Räder vor Schmutz und technischem Versagen schützen sollten, bauten die Hersteller Falträder. Die Soldaten konnten sie in den Bergen als kleines Paket auf dem Rücken tragen.

Im Ersten Weltkrieg, als sich das Rad längst als Verkehrsmittel etabliert hatte, wurden Radfahrer als Spähtrupp oder für den Depeschendienst eingesetzt. Später nutzten es die Nationalsozialisten für ihre Zwecke. Die Hitler-Jugend kombinierte in den 1930er-Jahren Wanderfahrten per Rad mit paramilitärischen Geländeübungen. Damit nutzten die Nationalsozialisten die Begeisterung der Jungen fürs Radfahren gezielt für ihre Kriegsvorbereitungen.

Im Zweiten Weltkrieg sind Radfahrertruppen bei der Infanterie Usus.

ABC, der erste Radsportclub

6

Radfahren ist ein Sport für die Elite

Das Fahrrad war im 19. Jahrhundert ein technisches Meisterwerk. Es wurde ständig weiterentwickelt und passte zum aufgeklärten Menschen der Zeit, der gerne reiste. Das Hochrad stand für Fortschritt und Aufbruch, gleichzeitig erforderte sein Fahren Mut und eine Prise Abenteuerlust. All das gefiel gut betuchten, technikbegeisterten Männern. In Hamburg gründete eine Gruppe von ihnen 1869 den Altonaer Bicycle Club (ABC). Er gilt bis heute als der älteste Fahrrad-Club der Welt. Die Altonaer waren unternehmungslustig. Auf ihren hohen Rädern legten sie weite Strecken zurück. Einer von ihnen schaffte es in den 1880er-Jahren sogar in 24 Stunden nach Berlin – „mit ausreichend Cognac im Gepäck", wie der Historiker Lars Ameda[4)] berichtet. Ein Schluck zwischendurch war damals ebenso üblich wie nötig. Schließlich waren die Holzräder mit Eisenbändern beschlagen und rollten ohne jegliche Dämpfung über die unbefestigten Wege. Die Fahrer wurden buchstäblich durchgeschüttelt, was den Rädern auch den Spitznamen „Knochenschüttler" oder „Boneshaker" einbrachte.

Radsport als gesellschaftliches Highlight

Die Hamburger Radfahrer waren auch umtriebig. Ab den 1880er-Jahren wurde die Grindelbergbahn, die vereinseigene Radrennbahn, für viele Jahrzehnte das Mekka des Radsports. Von Frühjahr bis Herbst traten hier internationale Radsportgrößen vor Tausenden von Zuschauern gegeneinander an.

Die Altonaer Bicycle Days: Entspanntes Vergnügen vom Teilemarkt bis zur Radausfahrt.

Pioniere des Radsports: Die Gründerväter des Altonaer Bicycle Clubs von 1869.

Erst um die Jahrhundertwende ebbte die große Begeisterung ab, der Boom war vorbei. Nun war das Fahrrad nicht mehr ein teures Spielzeug der Eliten, sondern wurde für jeden erschwinglich. Mehr noch: Es mauserte sich langsam zum Massenverkehrsmittel. Das passte den Kaufleuten im ABC nicht. Sie wollten lieber unter sich bleiben. Fremden gegenüber waren sie skeptisch, ihre Haltung war eindeutig antisemitisch. Laut Vereinsregeln durften „nur unbescholtene Personen arischer Abstammung, die das 16. Lebensjahr erreicht haben“ [5)], in den ABC aufgenommen werden. So war die Nachwuchssuche allerdings schwierig.

Nach dem Zweiten Weltkrieg ging es weiter bergab mit dem Verein. Er feierte zwar noch internationale Erfolge beim Radball, aber die Zahl der Mitglieder sank. 2001 wurde der Verein komplett aus dem Vereinsregister gestrichen.

Neugründung

Zwölf Jahre später gründeten Lars Ameda, Nico Thomas und Oliver Leibbrand ihn mit vier anderen Fahrradbegeisterten neu. Inzwischen sind wieder über 70 Mitglieder im ABC aktiv. Sie nehmen an historischen und sportlichen Rad-Events teil und organisieren jedes Jahr die „Altonaer Bicycle Days“ in Hamburg. Die familiäre Veranstaltung ist ein Mix aus Fahrradausstellung seltener historischer Räder, Radball- und Kunstradfahren und eine gemeinsame Ausfahrt auf Rädern aller Art durch Hamburg.

Tollkühne Radabenteurer

7 Die erste Tour de France startet

Das Cafe Réveil-Matin im Pariser Vorort ist zwar bekannt, aber an diesem 1. Juli 1903 ist dennoch ungewöhnlich viel los im Gastraum. Und das hat einen Grund: Gaukler, Straßensänger und viele Schaulustige wollen die Starter der ersten Tour de France sehen und mit großem Tamtam verabschieden.[6]

Die Sonne scheint, als die 60 Männer vor der Herberge langsam auf ihre Stahlräder steigen. Als Favorit der 2428 Kilometer langen Strecke gilt Maurice Garin. Der gebürtige Italiener hat zwei Jahre zuvor das legendäre Nonstop-Rennen Paris–Brest–Paris gewonnen. Für die 1200 Kilometer hatte er zwei Tage und zwei Nächte gebraucht.

Die erste Frankreich-Rundfahrt soll nun sogar doppelt so lang sein. Die Radprofis am Start sind komplett auf sich allein gestellt. In Alltagskleidung sitzen sie auf ihren Rädern, die Ersatzschläuche über die Schulter geschlungen. Um kurz nach 15 Uhr ein kurzer Start und es geht los – der Höllenritt durch Frankreich beginnt. Die sechs Etappen führen über schlechte Straßen und Kopfsteinpflaster. Das ist besonders nachts ein Problem, denn die Beleuchtung ist spärlich und die Strecke schlecht beschildert. Immer wieder verirren sich Fahrer. Allerdings noch nicht am ersten Tag. 143 Kilometer nach dem Start gönnen sich die Pioniere eine gemeinsame Trinkpause im Dorf Briare an der Loire. Dort füllen sie ihre metallenen Flaschen am Lenker mit Wasser auf. Garin ist einer von ihnen. Das Publikum nennt ihn liebevoll den „kleinen Schornsteinfeger“. Das Publikum nennt ihn liebevoll den „kleinen Schornsteinfeger“. Denn der gelernte Kaminfeger ist nur 1,62 Meter groß. Würde er nicht Rad fahren, müsste er Kamine kehren.

1904 wurde der Vorjahressieger, Maurice Garin, disqualifiziert wegen Betrugs.

Erster Gewinner: Maurice Garin (im weißen Trikot) nach seinem Sieg der Tour 1903.

Kettenraucher gewinnt die erste Tour

Bereits in der ersten Nacht sichert sich Garin in Lyon den ersten Etappensieg – rund eine Minute vor seinem Verfolger Émile Pagie. 18 Tage später kommt er mit fast drei Stunden Vorsprung vor seinen Kontrahenten in Paris an, obwohl der Kettenraucher selbst während der Fahrt seine geliebten Zigarren schmaucht und gerne auch mal Rotwein trinkt. Nicht einmal zwei Dutzend Fahrer erreichen mit ihm Paris. Die meisten haben aufgegeben. Wer es über die Ziellinie schafft, ist ein Held. An dem Tag wird der Mythos „Tour de France" geboren. Aber auch das wirtschaftliche Ziel wurde erreicht. Schließlich bezweckte der Veranstalter Henri Desgrange mit der Frankreich-Rundfahrt vor allem eines: die Auflage seiner neuen Sportzeitung *L'Auto* zu steigern. Und auch das klappte. Während der Tour stieg die Auflage von 20.000 auf 65.000 Stück. Maurice Garin gewann auch im Folgejahr die Rundfahrt. Vom Preisgeld kaufte er sich eine Tankstelle. Wenige Monate später wurden er und weitere Fahrer jedoch disqualifiziert. Sie hatten anscheinend Strecken mit dem Zug zurückgelegt oder sich von Autos ziehen lassen.

Ab jetzt wird geschaltet

Das Fahrrad wird fit für die Zukunft

8

Singlespeed-Fahren war zu Beginn des 20. Jahrhunderts normal – bei der Tour de France wie bei allen Alltagsfahrern. Alle Räder hatten nur einen Gang. Erst in den 1920er-Jahren wurden die Eingangräder allmählich von Rädern mit Gangschaltung abgelöst. Vorreiter war hier das deutsche Unternehmen Fichtel und Sachs.

1903 meldete Ernst Sachs die Torpedo-Freilaufnabe als Patent an und revolutionierte damit das Fahrradfahren. Das Schalten war nun deutlich leichter. Jahrzehntelang blieb sie Standard am Gebrauchsrad und stand für höchste Qualität. Die Schaltung war die letzte wegweisende Erfindung am Fahrrad. Seine Entwicklung war quasi abgeschlossen. Seit damals ging es nur noch darum, die Technik zu verbessern.

Während Alltagsfahrer nun bequem schalten konnten, war es für Rennradfahrer weiterhin extrem mühsam, den Gang zu wechseln. In den 1920er-Jahren hatte das übliche Hinterrad jeweils ein Ritzel mit unterschiedlicher Anzahl an Zähnen neben den Flanschen der Nabe. Denn am Rennrad waren bei Wettbewerben Nabenschaltungen grundsätzlich verboten. Noch bis in die 1930er-Jahre mussten die Tour-de-France-Fahrer am Berg absteigen, die Flügelmuttern am Hinterrad aufschrauben und das Laufrad drehen, um die Kette auf das Ritzel mit weniger Zähnen zu legen. Rennradfahrer brauchten also nicht nur gute Beine, sondern als Monteure auch schnelle Finger.

Die Torpedo-Freilaufnabe befand sich jahrzehntelang an fast jedem Gebrauchsrad.

Zeitverlust mit Folgen

9

Tullio Campagnolo startet Fahrradtuning

Dutzende Male hat er die Flügelmutter schon gelöst. Aber heute sind seine Finger so nass und kalt, dass sie keinen Millimeter nachgeben will. Tullio Campagnolo steht im November 1927 an der ersten Steigung des Croce d'Aune in den Dolomiten und kann es kaum fassen. Es ist eiskalt, er fährt ein Rennen, und eigentlich will er nur schnell das Hinterrad drehen, um im kleineren Gang zum Pass hinaufzufahren … aber die Mutter streikt. Als sie sich endlich bewegt, hat Campagnolo wertvolle Zeit verloren. Allerdings steht für ihn auch fest: Das passiert ihm nie wieder.

Der Rennfahrer, der eine kleine Werkstatt betrieb, entwickelte in seiner Freizeit einen Schnellspannhebel, um das Hinterrad schnell und leicht wechseln zu können. Das war der Auftakt einer ganzen Reihe von weg-weisenden Erfindungen. Campagnolo ist heute eine weltweit bekannte Marke für feinste Radtechnik.

1940 stellte das Unternehmen die Gestängeschaltung Corsa vor. Über zwei Hebel, die an der Sitzstrebe befestigt wurden, konnte der Fahrer nun die Kette zwischen drei Ritzel hin und her bewegen. Das war per Hand während der Fahrt vielleicht etwas umständlich, aber für die Fahrer ein enormer Fortschritt, schließlich mussten sie nicht mehr absteigen, geschweige denn schrauben. Der Anfang war gemacht. Zwölf Jahre später präsentierte das italienische Unternehmen sein Schaltsystem mit Namen Grand Sport, die Basis für das später populärer werdende Parallelogramm-Schaltwerk.

Heute ist der Schnellspanner selbstverständlich bei Rennrädern und Mountainbikes.

Ein Rohrsatz zum Träumen

10

Reynolds Rohre garantieren feinste Rahmen

Reynolds 531 – das klingt ein wenig wie der Zugangscode für ein Treffen britischer Geheimagenten. Für Liebhaber historischer Stahlräder steht diese Bezeichnung aber für die hohe Kunst des Rahmenbaus. Siegerräder von Tour-de-France-Champions wurden aus Reynolds-531-Rohren gebaut. Denn die besondere Stahl-Mangan-Molybdän-Legierung hatte Eigenschaften, von denen Profifahrer träumen. Sie verbindet Leichtigkeit mit hoher Festigkeit. 27 Tour-de-France-Champions überquerten die Ziellinie auf Fahrrädern, die mit Reynolds-Rohren gebaut wurden. Aber nicht allein die Legierung machte den Mythos dieser Rohre aus. Stahl war bis in die 90er-Jahre des 20. Jahrhunderts das Material der Wahl für Fahrradrahmen. Jeder Rahmenbauer, der etwas auf sich hielt, versuchte das Gewicht zu verringern, ohne die Laufruhe zu beeinträchtigen. Bei der Schussfahrt vom Pass ins Tal sollte der Rahmen seinem Fahrer Ruhe und Sicherheit bieten und nicht schwimmen oder gar zu schlenkern beginnen.

Konifizierte Rohre

Die zündende Idee hatte bereits 1897 Alfred Milward Reynolds, der Besitzer einer Nagelfabrik in Birmingham. Reynolds reduzierte die Stärke der Rohrwand über die Gesamtlänge des Rohres und erhöhte sie dafür an ihren Enden. Ein genialer Schachzug, denn dort ist die Spannung am größten. Mit dem Kniff, die Enden bei konstantem Außendurchmesser zu verstärken, konnte er im übrigen Rohr geringere Wandstärken umsetzen, ohne ein Materialversagen zu provozieren. Heute nennt man diese Form „konifizierte" Rohre. Reynolds baute in den 1930er-Jahren diverse Roh-

Werbung in eigener Sache: 27 von 30 Tour-Siegern sind Reynolds-Rahmen gefahren.

Greg LeMond war einer der 27 Tour-de-France-Champions, die auf Rädern aus Reynolds-Rohren ins Ziel schossen. Das Unternehmen war jahrzehntelang die Nummer eins am Markt.

re für die Auto-, Flugzeug- und Rüstungsindustrie. Bei Experimenten mit verschiedenen Metalllegierungen entdeckte er die besondere Stahl-Mangan-Molybdän-Legierung. Hinter den Ziffern beim Reynolds 531 verbergen sich ihre Metallanteile im Verhältnis 5 : 3 : 1. Mit diesem Rohrsatz, der eine Wandstärke von 1,6 bis 2,3 Millimetern hatte, wurde Reynolds international bekannt.

Eddy Merckx gewann 1969 die Tour de France auf einem Reynolds-tubed DeRosa. Vor der Einführung von Aluminium, Titan oder Verbundstoffen war das britische Unternehmen der führende Hersteller von Spitzenrahmenmaterial. Bis heute bietet es Rohre für den Fahrradbau an. Auch der legendäre Reynolds-531-Rohrsatz ist noch erhältlich, wenn auch nur noch als Sonderauftrag.

Fünf Jahrzehnte Vormacht

11

Das Fahrrad erleichtert sozialen Aufstieg

Jede Menge Radfahrer, viele Fußgänger und ein paar Autos auf den Straßen – das war in der ersten Hälfte des 20. Jahrhunderts Alltag in Deutschland. Radfahrer waren in der Überzahl. Ihr Stahlross war im Übrigen weitaus mehr als nur ein Verkehrsmittel. In Afrika ist das Fahrrad für viele Bewohner in ländlichen Gegenden heute der einzige Zugang zu Bildung. Vor mehr als 100 Jahren war das in Deutschland ähnlich. Ein Velo war das einzige Fahrzeug, das die Menschen sich leisten konnten und das sie jederzeit überall hinbrachte – zur Arbeit in die Stadt, zum Abendunterricht oder zu einem Fortbildungskurs. Es bot die Chance auf mehr Bildung und versprach gesellschaftlichen Aufstieg.[7)]

In den 1920er- und 30er-Jahren wurden nach und nach die Bus- und Straßenbahnnetze ausgebaut. Dennoch blieben die Menschen ihrem Stahlross treu. 40 bis 45 Prozent der Verkehrsteilnehmer in den Klein- und Mittelstädten waren Radfahrer. Zudem gingen deutlich mehr Menschen zu Fuß als heute, und der Anteil der Autos auf den Straßen war noch ziemlich gering. Aber er stieg langsam an und mit ihm auch die Zahl der Unfälle zwischen Radfahrern und Automobilen. Die Radfahrer reagierten und verlangten separate Wege. Die Idee war nicht neu. In Hannover und Magdeburg hatten Radfahrvereine bereits seit Jahren in Eigenregie sichere Wege neben der Autospur für sich angelegt.

Das Fahrrad war Anfang des 20. Jahrhunderts das einzig bezahlbare Fahrzeug.

Die Nationalsozialisten bauten große zusammenhängende Radwegenetze.

Nationalsozialisten bauen Radwege

Vor dem Zweiten Weltkrieg trieben die Nationalsozialisten den Radwegebau im großen Stil voran. Allerdings nicht, um den Radfahrern einen Gefallen zu tun, im Gegenteil. Sie wollten den motorisierten Kraftverkehr fördern. Die Radler waren im Weg, sie sollten Platz machen. Mit dem Nebeneffekt, dass der Ausbau des Netzes noch mehr Menschen in den Sattel brachte. Niemals wieder war der Anteil der Radfahrer im urbanen Umfeld so hoch wie vor dem Zweiten Weltkrieg.[8)]

Vom Rad zum Mofa, zum Auto

Nach dem Krieg war das Fahrrad das einzige Verkehrsmittel, das ohne den rationierten Treibstoff auskam. Deshalb blieb es noch eine Weile die Nummer eins auf den Straßen. In den 1950ern tauschten die Deutschen dann ihr Velo erst gegen Mopeds und Motorräder, später gegen das Auto ein. Mit dem Wirtschaftswunder wird individuelle Mobilität bezahlbar. Die Autoindustrie ist ein wichtiges Standbein der Wirtschaft. In Europa werden Wohnen und Arbeiten weitläufig voneinander getrennt und die einzelnen Quartiere durch große Verkehrsachsen miteinander verbunden. Überall werden nun Städte gezielt pro Autoverkehr umgebaut.[9)]

„Bei keiner anderen Erfindung ist das Nützliche mit dem Angenehmen so innig verbunden wie beim Fahrrad."

Adam Opel, deutscher Gründer der Firma Opel, 1837–1895

Wir werden Fahrradstadt!

Bürgerprotest gegen Blechkolonnen

12

Wer heute in Amsterdam aus dem Bahnhof tritt, sieht sofort: Amsterdam ist eine Fahrradstadt. Alle fahren mit dem Fahrrad: Eltern, Kinder, Rentner, Berufstätige. Tausende von Velos warten in zweistöckigen Parkdecks ebenerdig wie unterirdisch rund um den Bahnhof auf ihre Besitzer. Radfahren ist in Amsterdam selbstverständlicher als Autofahren. Aber das war nicht immer so … Mit dem wirtschaftlichen Aufschwung nach dem Zweiten Weltkrieg putzten auch die Niederländer ihre Städte für Pkws heraus. Häuser und Fahrradwege wurden abgerissen, um mehr Platz für Straßen zu schaffen, schöne Plätze im Zentrum wurden zu Parkplätzen umgebaut.

Stoppt den Kindermord

Anfangs störte das kaum jemanden. Schließlich präsentierten die Autos den neuen Wohlstand. Sie standen für Fortschritt und Bequemlichkeit. Als jedoch die Zahl der Verkehrstoten in die Höhe schnellte, verschlechterte sich das Image der Kraftfahrzeuge rapide. Allein im Jahr 1971 wurden mehr als 3000 Menschen in den Niederlanden durch Kraftfahrzeuge getötet, 450 von ihnen waren Kinder. Das war der Wendepunkt. Der Verlust ihrer Kinder mobilisierte die Niederländer. Sie organisierten landesweit Veranstaltungen und demonstrierten für sichere Wege. Auf ihren Plakaten und Bannern stand „Stop de Kindermoord“ (Stoppt den Kindermord). In diese aufgebrachte

Die Niederländer protestieren massiv gegen den zunehmenden Autoverkehr in ihren Städten.

In Kopenhagen fordern die Demonstranten sichere Radwege entlang der Hauptstraßen.

Stimmung platzte 1973 die Ölkrise. Benzin wurde knapp und teuer und europaweit verordneten Politiker autofreie Sonntage – auch die Niederlande. Diese Kombination aus Volkszorn und Abhängigkeit vom Öl brachte die niederländische Regierung dazu, ihre autofokussierte Straßenbaupolitik zu überdenken. Nach vielen öffentlichen Diskussionen mit Demonstranten und Stadtplanern versuchten sie etwas Neues. Anfangs konzentrierten sich die Planer darauf, die schmalen Kanalstraßen so umzubauen, dass Fußgänger, Radfahrer und Kraftfahrzeuge sich den vorhandenen Raum teilten. Heute nennt man das „shared space".

1975 startete die niederländische Regierung dann die ersten Versuche mit separaten Fahrradrouten. Mit dem Bau der neuen Wege in Den Haag und Tilburg schnellte die Zahl der Radfahrer dort sofort in die Höhe. Das neue Konzept kam gut an und wurde nach und nach aufs ganze Land übertragen.

Eine Stadt protestiert gegen den Autobahnbau

Wie in den Niederlanden starben auch in der dänischen Hauptstadt Kopenhagen immer mehr Fußgänger und Radfahrer bei Unfällen infolge des wachsenden Autoverkehrs. An den autofreien Sonntagen holten die Stadtbewohner ihre Räder aus den Kellern und radelten ausgelassen über die breiten leeren Straßen.

Mit auffälligen Aktionen wehren sich die Niederländer gegen die autogerechte Stadt.

Für viele war das ein Schlüsselerlebnis. Sie kamen schnell ans Ziel und spürten, was sie eigentlich wollten: mit dem Rad zur Arbeit, zu Freunden und zum Einkaufen fahren, und das auf sicheren und direkten Wegen. Deshalb forderten sie separate Radwege direkt neben der Autospur.

Ihre Forderung war ungewöhnlich. Als die Kopenhagener Verkehrsbehörde in dieser Zeit ankündigte, eine Autobahnbrücke von der Innenstadt in die Vorstadt zu bauen, brach ein Proteststurm los, der schnell die ganze Stadt erfasste. Die Auseinandersetzungen zwischen Politik und Bevölkerung waren langwierig, aber schlussendlich wurden die Forderungen der Bewohner durchgesetzt. Im Laufe der Jahrzehnte wurde in Kopenhagen ein stadtweites Radwegenetz entlang der Hauptstraßen gebaut. Dieses Netz hat die Stadt weltberühmt gemacht. Verkehrsplaner aus der ganzen Welt besuchen inzwischen die dänische Hauptstadt, um von ihr zu lernen und ihr Modell zu kopieren. Radverkehrsplanung à la Kopenhagen ist heute ein Exportschlager.[10)]

> „Politisch gesehen, ist das Fahrrad das am meisten unterschätzte Verkehrsmittel. Dabei ist es eine sinnvolle Alternative zum motorisierten Verkehr, gerade im Sommer und in der Stadt."
>
> *Kurt Bodewig, deutscher Politiker, *1955*

Lobby für Radfahrer

13

ADFC-Gründung – Radfahren wird politisch

Deutschland ist ein Auto-Land. Die autogerechte Stadt ist längst Alltag, und Radfahrer sind, wenn überhaupt, auf schmalen Radwegen unterwegs oder teilen sich den Gehweg mit Fußgängern. 1979 trifft sich eine kleine Gruppe von Akademikern in Bremen. Die Männer sind Radfahrer – und sie stört die Dominanz der Autos auf den Straßen. Viel zu lange wurden sie mit ihren Bikes auf Restflächen gedrängt. Das wollen sie nun ändern. Sie möchten zurück auf die Straße. Deshalb gründen sie den Allgemeinen Deutschen Fahrradclub (ADFC). Es war eine engagierte und exotische Runde, die sich in der Hansestadt traf. Henning Scherf war dabei, der spätere Bürgermeister von Bremen, und auch der Verkehrsexperte Jan Tebbe, der lange Zeit in Südafrika gearbeitet hatte. Ihr Plan war ehrgeizig. Sie wollten die Verkehrspolitik umkrempeln und das Fahrrad als gleichwertiges Verkehrsmittel etablieren. Wie das gehen sollte, wussten sie genau: Sie mussten in die politischen Gremien …, und zwar ganz noch oben.

Radfahrer gründen mit dem ADFC das Pendant zum Autoclub ADAC.

Lobbyarbeit in Bonn

Die erste Etappe war schnell erreicht. Kurz nach seiner Gründung mischten die ADFC-Vertreter bereits in den Verkehrsausschüssen mit und machten Lobbyarbeit im Bonner Bundesverkehrsministerium. Sie zeigten sich optimistisch und sahen sich als Lobbyisten auf Zeit. Sobald das Fahrrad dem Auto gleichgestellt war, wollten sie ihren Verband wieder auflösen. Die jungen Aktivisten waren umtriebig. Kurz nach der Gründung organisierte Tebbe 1980 bereits die erste internationale Fahrrad-Konferenz in Bremen: die Velo-City. Damit machte sich der ADFC international einen Namen und wurde zur Anlaufstelle für alle Aktivisten und Experten im In- und Ausland abseits des verkehrspolitischen Mainstreams. Heute ist die Velo-City eine jährlich stattfindende Konferenz mit rund 1500 Teilnehmern und weltweit eines der wichtigsten Foren für Experten, Wissenschaftler und Aktivisten zum Thema Radverkehr.

Rahmenbedingungen schaffen

Auf den guten Start folgte die Ernüchterung. Die Verkehrspolitiker interessierten sich wenig fürs Fahrrad und die Sorgen der Mitglieder waren groß, denn: Radfahren war mühsam – in der Stadt und außerhalb. Es gab weder ausgeschilderte Radwege noch Radkarten, weder eine Versicherung noch eine unabhängige Stelle, die Fragen zur Fahrradtechnik beantwortete. Im Grunde wünschten sich die ADFC-Mitglieder von ihrem Verband, was auch der ADAC seinen Mitgliedern bot und bietet: Beratung, Vertretung, Hilfe bei allen Fragen rund um ihr Lieblingsthema. Das war der Auftakt der politischen Arbeit vor Ort. Lokale ADFC-Gruppen erstellten Fahrradrouten

Netzwerktreffen: Der ADFC organisiert erstmals eine Fahrradwoche in München.

„Protected Bike Lanes" werden wie hier mit Pollern vom Autoverkehr getrennt.

und kartierten sie, gründeten später den Dachgeber, eine Art Couchsurfen für Radfahrer, und veröffentlichten Bett und Bike, einen Hotel- und Pensionsführer für Radfahrer. Das war mehr als überfällig. Radfahrer galten noch immer als verschwitzte Habenichtse – Zimmer tageweise zu mieten, war kaum möglich. Mit dieser akribischen Kleinarbeit machte der ADFC Deutschland weltweit zum Vorzeige-Radreiseland Nummer eins. Radtourismus wurde ein Aushängeschild des ADFC und bundesweit ein Wirtschaftsfaktor. Allein 2016 machten 5,2 Millionen Deutsche Radurlaub.

Radwege für 8- bis 80-Jährige

Seine 165.000 Mitglieder (Stand 2017) waren immer begeisterte Radtouristen, aber auch überzeugte Alltagsradler. Die meisten behaupteten und behaupten sich selbstbewusst auf der Straße gegen Autofahrer. Jahrzehntelang folgten sie ihren Gründern und forderten einen Platz auf der Fahrbahn. Inzwischen haben sie ihre Haltung modifiziert und den neuen Gegebenheiten angepasst. Heute fordern sie ein Radwegenetz, das alle Menschen, vom Kind bis zum Rentner, sicher durch die Stadt leitet. Das geht auf stark befahrenen Straßen beispielsweise auf sogenannten „Protected Bike Lanes" – Radspuren, die mit Pollern vom Autoverkehr getrennt werden. Mit Burkhardt Stork hat der Verein seit 2012 einen Bundesvorsitzenden, der international nach derartigen Best-practise-Beispielen sucht, um den Radverkehr hierzulande zu fördern und zu verbessern. Heute will der ADFC den Radverkehr als wichtigen Baustein der Verkehrswende etablieren.

14

Gut gefedert

Das Mountainbike inspiriert die Fahrradwelt

In den 1980er-Jahren war die Fahrrad-Technik noch weit von dem heutigen Standard des Rundum-Sorglos-Fahrrads entfernt. Flackernde Glühbirnchen und durchrutschende Seitenläuferdynamos gehörten damals zum Alltag. In diese Zeit platzten die Mountainbikes. Ihre Erfinder entwickelten zügig all das, was sie beim wilden Ritt durchs Gelände vermissten: stabile Rahmen, effektive Bremsen, eine zuverlässige Schaltung. Diese Entwicklung war ein Glück für die Branche. Denn mit etwas Verzögerung etablierten sich die Komponenten auch am Alltagsrad. Es klingt wie ein Kinderspaß: Eine Gruppe von Männern rast auf alten Beachcruisern die Schotterpisten des Mount Tamalpais in Kalifornien hinunter. Was als Jux begann, entpuppte sich schnell als großer Spaß und technische Herausforderung. Denn die alten Räder schafften meist nur wenige Abfahrten. Die jungen Amerikaner störte das nicht … im Gegenteil. Ihr Ehrgeiz war geweckt. Erst schraubten sie Räder zusammen, die deutlich mehr aushielten, dann konstruierten sie Rahmen und Komponenten, die sie besser durchs Gelände trugen. Eine zentrale Rolle spielte dabei Paul Turner.

Eine Gabel sorgt für Komfort

Dem ehemaligen Motocrossfahrer gefiel das Mountainbiken. Das raue Gerumpel auf dem Bike fand er allerdings lästig. Er wusste, dass es auch anders ging. Im Motorsport gehörte die Federgabel längst zur Standardausrüstung. Als Werksmechaniker des Honda-Motocross-Teams hatte er eine klare Vorstellung davon, wo er ansetzen musste. In seiner Garage konstruierte er 1988 den Prototypen der ersten Federgabel für Mountainbikes: mit fünf Zentimeter Federweg, Luftfederung und Dämpfung mit Öl. Er nannte sie „RockShox“, also Steinschlag. Das Serienmodell wurde ein durchschlagender Erfolg. Keine zehn Jahre später hatte seine Firma RockShox eine Million Federgabeln verkauft. Heute ist ein wilder Ritt durch den Wald ohne Federgabel kaum noch denkbar. Inzwischen gehört die Federgabel bei vielen City- und Tourenrädern zur Serienausstattung.

Paul Turners Federgabel „RockShox"

Eine runde Sache

15

Die Scheibenbremse am Fahrrad

Eine Schweizer Tageszeitung nannte ihn einmal den Daniel Düsentrieb der Fahrradbranche: Bob Sticha, gebürtiger Tscheche und Wahlschweizer, sorgte mit seinen Innovationen fürs Fahrrad immer wieder für Furore. Wie Paul Turner kam auch Sticha aus dem Motorradsport und übertrug die Technik aus dem Offroadsport mit schwerem Gerät aufs Leichtgewicht Fahrrad. 1990 präsentierte er während der Fahrradausstellung IFMA in Köln das erste Mountainbike mit Vollfederung und Scheibenbremsen. Allerdings hatte die Scheibenbremse Startschwierigkeiten. Denn ursprünglich waren die Felgenbremsen leichter und auch deutlich einfacher zu warten als die hydraulischen Scheibenstopper. Das war attraktiv. Heute ist die Scheibenbremse aber Standard am Mountainbike.

Das große Plus der hydraulischen Scheibenbremse ist ihre Bremskraft. Sie verzögert unabhängig von Witterungsbedingungen und Verschmutzung der Felge gleichmäßig stark. Damit ist sie jedem anderen System weit überlegen. Zudem lässt sich die Bremskraft extrem gut dosieren. Auch am E-Bike und Trekkingbike gehört sie zum guten Ton. Nun zieht außerdem die Rennradbranche nach. Hobbyrennfahrer sind schon seit Jahren mit Scheibenbremsen unterwegs. Ihr Vorteil: Hitzebedingte Schlauchplatzer auf langen Passpassagen sind passé. Testweise hatte der Weltverband UCI Scheibenbremsen für die Profirennen zugelassen. Als sich der Spanier Francisco Ventoso während der Tour Paris–Roubaix eine tiefe Schnittwunde an der Scheibenbremse eines Kollegen zuzog, kassierte der Weltverband die Erlaubnis aber wieder ein. Auf der 2. Etappe der Tour de France 2017 saßen drei Radprofis erstmals wieder auf Rädern mit Scheibenbremsen. Der Deutsche Marcel Kittel war einer von ihnen – und er gewann die Etappe. Damit ist die Scheibenbremse endgültig im Profirennradsport angekommen.

Die Scheibenbremse ist inzwischen Standard an hochwertigen Mountainbikes.

Nie mehr Schläuche flicken

Schlauchlos Radfahren für jedermann

16

Was für Auto- und Mofafahrer längst Standard ist, ist für Radfahrer immer noch die Ausnahme: das schlauchlose Fahren mit dem Mantel direkt auf der Felge, das jegliches Fahrradschläuche-Flicken ersparen würde.

Schlauchloses Radfahren funktioniert. 1999 brachten der Reifenhersteller Michelin und der Felgenhersteller Mavic den Schlauchlos-Standard UST (Universal System Tubeless) für Mountainbikes auf den Markt. Dahinter verbergen sich ein Reifen und eine Felge, die exakt zueinander passen, sowie Dichtungsmilch, die den Übergang von der Felge zum Reifen luftdicht abschließt. Sie dient zugleich als Prophylaxe gegen Durchstiche.

Das ist nötig. Schließlich fährt man beim Mountainbiken die breiten Stollenreifen im Gelände gerne mit geringem Druck. Was gut ist für den Grip, ist aber schlecht für den Pannenschutz. Die Gefahr der Durchschläge, der sogenannten „Snakebites", ist mit wenig Druck groß. Beim Snakebite wird der Schlauch zwischen Felgenflanke und Untergrund eingeklemmt und gleich zweimal punktiert. Ohne Schlauch reagiert die Dichtungsmilch sofort mit dem Sauerstoff und härtet an der entsprechenden Stelle aus. Mit Schlauch muss man zwei Löcher flicken.

Die Ausfahrt durch den Wald genießen oder einen Plattfuß flicken? Die Wahl fällt leicht.

Dichtungsmilch soll den Übergang von der Felge zum Reifen luftdicht abschließen.

Schlauchlos steigert die Sicherheit

Inzwischen gibt es das System auch für Alltags- und Rennradfahrer. Letztere sind allerdings gerne mit Drücken bis zu zehn Bar unterwegs, also dem Drei- bis Fünffachen der Mountainbikes. Das war für die Hersteller von Reifen und Felge eine echte Herausforderung.

Aber der Bedarf war da. Bei Rennradtouren oder Events wie der Tour Trans Alp erlebten Experten immer wieder, dass durch starkes Bremsen die Felgen so heiß wurden, dass der Schlauch platzte. Sicheres Anhalten war dann kaum mehr möglich, viele Fahrer stürzten.

Mittlerweile gibt es sogar Nachrüstsätze für Standardfelgen. Ob sie sich im Alltag lohnen, ist Ansichtssache. Alle drei Monate muss die Dichtungsmilch nachgefüllt und ab und an die getrocknete Dichtungsmilch aus dem Reifen gekratzt werden. Sogenannte „unplattbare“ Reifen machen oftmals mehr Sinn im Alltag und sind zudem noch günstiger.

Pannenschutz im Alltag

Hochwertige, regelmäßig aufgepumpte Reifen schützen vor Platten. Außerdem sollte regelmäßig der Mantel auf kleine scharfe Objekte abgesucht werden. Spurrinnen meiden – hier sammeln sich spitze Steinchen und Glassplitter!

Und es hat Klick gemacht

Systempedale schaffen feste Bindungen

17

Klickpedale sind für Profis selbstverständlich. So manchen Alltagsfahrer graust aber die Vorstellung der festen Verbindung. Sie wollen sie gar nicht erst ausprobieren. Aber ein Versuch lohnt sich. Die ersten Fahrversuche mit sogenannten „Cleats" sind für Anfänger ungewohnt. Manche stürzen, weil sie an der Ampel das Ausklicken vergessen und mitsamt dem Rad umfallen. Doch wer sich erst einmal an den Ein- und Ausstieg gewöhnt hat, schwört meist auf die feste Bindung.

Ein guter Kompromiss für Einsteiger ist das Hybrid-System Shimano Pedaling Dynamics, kurz SPD. Auf einer Seite befindet sich ein Cleat, mit dem der Schuh im Pedal einrastet, wenn der Fahrer den Fuß mit leichtem Druck aufs Pedal setzt. Zum Lösen wird die Ferse nur ein Stück zur Seite gedreht. Anfänger sollten die Verbindung in der Eingewöhnungsphase locker einstellen. Nach kurzer Zeit ist das Ausklicken so selbstverständlich wie das Bremsen. Neben dem Klickpedal befindet sich auf der anderen Seite ein normaler Pedalkäfig, der mit Straßenschuhen gefahren werden kann. Ein weiterer Vorteil des SPD-Systems ist, dass die Schuhplatten in der Sohle versenkt werden und man so längere Strecken gut gehen kann. Mit typischen Rennradschuhen ist das eher unbequem, da die Cleats auf die glatte Sohle geschraubt werden.

Die Cleats (unten), werden an der Schuhsohle befestigt und rasten im Pedal ein.

Bei Rennradfahrern haben sich die Cleats schon lange durchgesetzt.

Plattformpedal

Für Mountainbiker sind Plattformpedale eine gute Alternative, also große, robuste Pedale, die aus einem Stück gefertigt werden. Kleine Gewindestifte auf beiden Seiten des Pedals haften gut bei Schuhen mit Gummisohle. Die Kombination ist praktisch, wenn der Fahrer sein Rad in schwierigem Gelände eine Weile tragen muss. Inzwischen gibt es für BMX- und Alltagsfahrer durchgängige Plattformpedale auch mit Griptape. Sie haften selbst bei Nässe und bei Schuhen mit Ledersohlen gut.

Mit diesen Plattformpedalen kann man sogar mit Pumps noch sicher pedalieren.

Führungssache

18

Entscheidung beim Kauf: Kette oder Riemen

Die Kette ist immer noch das Schmuddelkind am Fahrrad. Einmal nicht aufgepasst, und schon klebt ein Fettfleck an Wade oder Hosenbein. Damit sie rundläuft, braucht die Kette regelmäßig Pflege. Passionierte Fahrradschrauber machen das gern, alle anderen finden das eher lästig. Für sie klingt ein Riemen im direkten Vergleich extrem verlockend. Er ist aus Carbonfasern und deshalb leise, fettfrei, haltbar und vor allem: wartungsarm. Nässe, Kälte und Schnee stören ihn kaum, Dreck spült man mit Wasser weg, und anders als die Kette längt er sich nicht.

So einfach ist die Entscheidung dann aber doch nicht, denn: Ein Riemen ist empfindlich: Ein harter seitlicher Schlag kann seine Haltbarkeit verringern und lässt ihn schlimmstenfalls sogar reißen. Aus diesem Grund war er lange Zeit eher ein Luxusprodukt für Fahrradliebhaber. Seit ein paar Jahren wächst seine Beliebtheit aber. Entscheidend dafür ist sein gesunkener Preis. Mitunter bekommt man ein solides Rad mit Riemen für weniger als 1000 Euro – früher zahlte man dafür schnell das Doppelte.

Ketten- oder Rahmenschloss

Die Entscheidung für Kette oder Riemen trifft man vor dem Fahrradkauf. Ein nachträglicher Wechsel ist möglich, aber aufwendig. Während die Kette per Kettenschloss geöffnet wird, ist für den endlosen Riemen ein Rahmenschloss am hinteren rechten Rahmendreieck nötig. Das kann im Nachhinein nur ein Rahmenbauer einbauen. Im Übrigen benötigt der Riemen eine gute Führung. Das heißt, die Flucht zwischen den beiden Zahnradscheiben muss exakt und die Führung der Tret- und Hinterachse absolut parallel verlaufen. Das funktioniert, wenn Fahrradhersteller besonders steife Rahmen verwenden. Gespannt wird der Riemen über einen Exzenter im Tretlagergehäuse oder mithilfe des Spezialwerkzeugs des Herstellers. Die richtige Spannung ist wichtig, sonst kann der Riemen die Rippe der Riemenscheibe überspringen oder durchrutschen.

Diese Liste schreckt Interessierte schnell ab. Allerdings zeigt die Praxis: Riemenfahrer sind zufrieden. Die Kombination aus Riemen und Getriebe- oder Nabenschaltung funktioniert inzwischen sehr gut. Und mit dem Nabendynamo ist das Rundum-Sorglos-Paket am Fahrrad komplett.

Eine saubere Sache: Der Riemen braucht kein Öl. Gesäubert wird er mit einem Tuch.

Endlich Licht

19

Gut sehen und gesehen werden

Durchdrehende Seitenläuferdynamos, kaputte Glühbirnchen und Halogenscheinwerfer am Fahrrad sind Technikprobleme aus dem 20. Jahrhundert. Heute ist Licht am Fahrrad eine Frage der persönlichen Vorliebe. Mit moderner LED-Beleuchtung und ausgeklügelter Spiegeltechnik kann das Lichtspektrum exakt auf die persönlichen Wünsche und Bedürfnisse abgestimmt werden. Das reicht vom Tagfahrlicht, das die Sicherheit der Alltagsfahrer im Großstadtdschungel erhöht, bis hin zum weit strahlenden Scheinwerfer, der einsame Wald- und Wiesenwege um Mitternacht noch hell ausleuchtet.

Licht ist Pflicht

Ein Meilenstein in dieser Entwicklung ist der wartungsarme, getriebelose Nabendynamo. Die unscheinbare Lichtmaschine in der Vorderradnabe gehört bei City- und Trekkingrädern zur Standardausstattung. Sie erleichtert den Alltag vieler Radler. Denn Licht ist Pflicht am Rad. Im Sommer 2017 wurde die Straßenverkehrs-Zulassungs-Ordnung (StVZO) für Fahrräder deutlich verbessert. Zusatzfunktionen wie Tagfahrlicht, Fernlicht oder Bremslicht sind nun erlaubt, ebenso der Blinker an mehrspurigen Fahrzeugen wie Liegerädern.

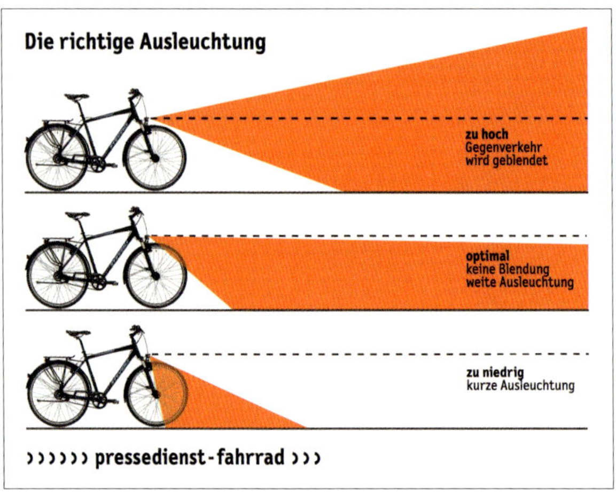

Eine gute Leuchte allein reicht nicht aus. Sie muss auch richtig eingestellt sein.

Mit dem Mountainbike nachts durch den Wald. Moderne Leuchten machen das möglich.

Lichtkegel statt Lux- und Lumenangaben vergleichen

Konnte man früher ein Fahrrad trotz Beleuchtung aus der Entfernung nur erahnen, blendet heute die pflaumengroße, falsch eingestellte Leuchte Entgegenkommende wie ein Autoscheinwerfer. Aber wie viel Licht braucht eigentlich ein Radfahrer? Die Angaben der Hersteller in Lux und Lumen verwirren Laien eher, als ihnen zu helfen. Deutlich interessanter als diese Werte ist die Form des Lichtkegels. Seine Gestaltung reicht vom Flutlicht mit Nahfeldausleuchtung bis hin zum winzigen Lichtspot. Ein Scheinwerfer mit einer hohen Luxangabe kann ebenso hell sein wie ein Scheinwerfer mit einer geringeren Angabe, der aber die Umgebung stärker ausleuchtet. Hilfreich bei der Wahl des richtigen Scheinwerfers sind immer die Herstellerbilder. Sie illustrieren in der Regel sehr genau die Vor- und Nachteile ihrer Leuchten. Hier lohnt es sich, Zeit zu investieren und die Lichtkegel miteinander zu vergleichen.

Flutlicht oder Lichtspot: Die Form des Lichtkegels ist entscheidend.

Schlankheitskur fürs Fahrrad

Lust und Nutzen der Gewichtsreduktion

20

Je leichter das Fahrrad ist, umso mehr Spaß macht das Fahren. Das gilt für Alltagsfahrer ebenso wie für Freizeitsportler. Beim Trekking- oder Cityrad ist das Abspecken relativ einfach. Bereits ein Reifentausch kann ein Kilogramm Gewicht reduzieren. Wechselt man dann noch die Schläuche, geht die Waage nochmals gut 100 Gramm runter. Interessant hierbei: Das Laufrad ist Teil der rotierenden Masse. Der Gewichtsverlust an dieser Stelle ist effektiv und für den Fahrer deutlich spürbar, besonders beim Beschleunigen. Wer aber beim Fahrrad von Gewichtsreduktion spricht, denkt meistens an Carbon. Im Mountainbike- und Rennradsport ist der Faserverbundwerkstoff inzwischen üblich, ebenso Aluminium. Was man wählt, hat letztendlich viel mit dem Einsatz und den Kosten zu tun.

Jedes Design möglich

Die Vorteile hochwertiger Sportrahmen aus Carbon spürt man beim Fahren. In Faserrichtung ist der Rahmen steif und enorm zugfest, in Querrichtung dagegen flext er. Außerdem kann jedes beliebige aerodynamische Design mit der Monocoque-Fertigung umgesetzt werden. Das funktioniert mit Aluminium nicht. Manchmal wird der Rahmen, manchmal nur ein Teil aus diesem Werkstoff gefertigt. Je nach Methode werden die Kohlefaser-Prepreg-Matten nach einem festgelegten Schema zusammengefügt, teilweise in akribischer Handarbeit. Das erklärt den Preis von mehreren Tausend Euro. Vergleichbare Räder aus Aluminium sind deutlich günstiger. In Zeitersparnis ist die Schlankheitskur im Freizeitsport kaum messbar. Eine Gewichtsreduktion um drei Kilogramm bringt am Berg zwischen 29 bis 94 Sekunden Zeitgewinn – unabhängig, ob Fahrer oder Rad abspecken. In der Ebene ist die Differenz noch geringer. Das haben die Sportwissenschaftler Asker Jeukendrup und James Martini im Praxistest bewiesen.[11)] Aber wahrscheinlich kommt es darauf gar nicht an. Beim Leichtbau geht es oft auch um die Freude beim Fahren, die Freude an dem Besonderen. Für manche Fahrer ist Carbon wie ein guter Whiskey: eben etwas für Genießer.

Ein leichtes Bike macht Spaß beim Fahren und Tragen.

Geschaltet

21

Luxus pur: elektronisch Gänge wechseln

Elektronische Schaltungen am Rennrad sind salonfähig. Ein leichter Fingertipp genügt, und schon gleitet die Kette vom kleinen aufs große Kettenblatt, selbst wenn nasse, kalte Finger bereits leicht taub sind. Das ist ein entscheidender Pluspunkt des elektronischen gegenüber den herkömmlichen mechanischen Schaltsystemen: Auch unter Last am Berg und bei erschwerten Bedingungen durch Wetter oder Handschuhe funktioniert die elektronische Schaltung perfekt.

Schaltung ohne Kabel

Shimano war 2009 Vorreiter. Der japanische Komponentenhersteller brachte mit der DuraAce Di2 die erste elektronische Schaltung auf den Markt. Das italienische Unternehmen Campagnolo zog mit der EPS kurze Zeit später nach. 2016 legte der amerikanische Komponentenhersteller Sram die Messlatte mit ihrer Red eTap noch einmal deutlich höher, denn diese Schaltung kommt ganz ohne Kabel aus – sie ist „wireless". Damit war die nächste Entwicklungsstufe der elektronischen Rennradschaltung erreicht. Die Schaltsignale werden bei der Red eTap per Funk von den Schalthebeln an Schaltwerk und Umwerfer übertragen. Elektromotoren in Schaltwerk und Umwerfer ersetzen Seilzug und Feder. Das ist konsequent und ziemlich komfortabel für den Kunden. Schöner Nebeneffekt: Das Umrüsten geht schnell und ist relativ einfach, da das Verlegen der Kabel entfällt.

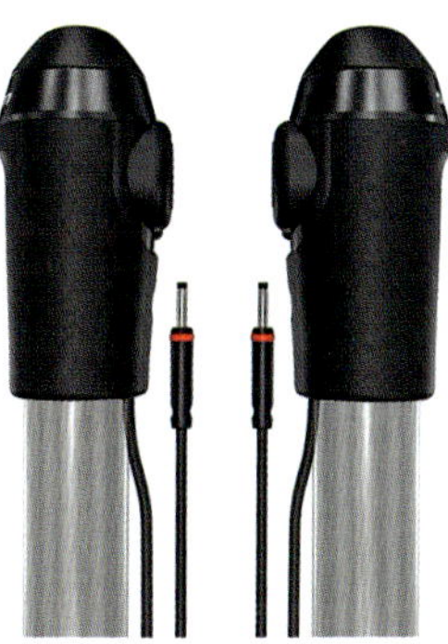

Konsequent: Elektromotoren in Schaltwerk und Umwerfer ersetzen Seilzug und Feder.

Gut behütet

22

Fahrradhelme werden immer attraktiver

Über das Tragen von Helmen wird in Deutschland oft und gerne heiß diskutiert. Es gibt ebenso viele Verfechter dafür wie dagegen, und die Vertreter beider Positionen stehen sich meist unversöhnlich gegenüber. Ob man mit Helm oder oben ohne auf dem Rad unterwegs ist, ist in Deutschland jedem selbst überlassen. Und das ist gut so. Denn das Tragen von Fahrradhelmen kann man nicht erzwingen, das zeigt das Beispiel Australien. Dort ist seit der Einführung der Helmpflicht 1991 der Anteil der Radfahrer in den Städten von etwa 40 auf 20 Prozent gesunken.

Auch in den Fahrradnationen Niederlande und Dänemark sind Radfahrer mit Helm die Ausnahme. Allein die Idee erscheint den meisten Alltagsradlern dort absurd. Politiker und Aktivisten vertreten die Haltung, dass eine gute Infrastruktur die Fahrer effektiver und nachhaltiger schütze, als es ein Helm bei einem Zusammenstoß mit einem Auto jemals vermag.

Hierzulande steigt die Zahl der Radfahrer, die Helm tragen, langsam an. Hersteller versuchen, ihn alltagstauglicher, handlicher und schicker zu gestalten. Die Bandbreite ist immens. Es gibt Helme zum Falten und zum Quetschen für die Handtasche. Manche tarnen sich als Hut oder Wintermütze oder sehen aus wie eine Wassermelone. Wieder andere blinken oder sind schon fast eine kleine Medienzentrale wie die Helme von Lumos oder Livall. Je nach Modell ist in ihnen ein Headset nebst Bluetooth-Lautsprecher integriert. Über eine Steuereinheit am Lenker werden die Smartphone-Funktionen gesteuert. So kann der Fahrer, während er fährt, Musik wählen oder Telefonate annehmen. Stürzt der Fahrer und bewegt sich 30 Sekunden lang nicht, erkennt der Helm das Unfallszenario. Das Smartphone ruft automatisch die angegebene Notfallnummer an und gibt die GPS-Koordinaten des Fahrers durch.

Alles so schön bunt hier: Helme gibt es inzwischen in fast jeder Farbe.

Der Hightech-Airbag steckt in dem schwarzen Kragen und fällt über der schwarzen Jacke überhaupt nicht auf. Jedenfalls nicht, bis die Sensoren den Sturz registrieren.

Dann löst der Airbag sofort aus und stülpt sich in Sekundenbruchteilen über den Kopf seines Trägers. Anschließend hat er seinen Dienst erfüllt und wird weggeworfen.

Airbag im Kragen

Radfahrer, die aufgrund ihrer Frisur auf den Helm verzichten, haben mit dem Hövding eine tragbare Alternative. Der Kopfschutz ist als Hightech-Airbag in einem Kragen verborgen, den man wie einen Schal um den Hals trägt. Unter einer waschbaren Außenhülle verbirgt sich der Airbag. Dieser ist mit Sensoren versehen, die laut Hersteller das typische Bewegungsmuster im Fall eines Unfalls erkennen und daraufhin den Airbag auslösen. Ist das geschehen, soll sich der Hövding als schützende Hülle innerhalb einer Zehntelsekunde um den Kopf stülpen, und zwar weiter als das ein klassischer Fahrradhelm tut. Dann erinnert er für wenige Sekunden an eine futuristische Trockenhaube, bis er, wie jeder Airbag, langsam in sich zusammensinkt.

Schlechte Noten für Münster

Das Fahrradparadies verpasst den Anschluss

23

Münster gilt als Fahrradhauptstadt Deutschlands. Mit schöner Regelmäßigkeit gewinnt sie seit Jahren den Fahrrad-Klimatest des Allgemeinen Deutschen Fahrradclubs, eine Onlinebefragung zur Fahrradfreundlichkeit deutscher Städte. Allerdings schneidet die Studentenstadt jedes Jahr schlechter ab. Ihr Ruf scheint inzwischen besser zu sein als ihre Infrastruktur. Münster hatte gegenüber Mitbewerbern lange einen großen Vorteil: Das Radwegenetz ist über Jahrzehnte gewachsen. Während im übrigen Deutschland Radwege für den Autoverkehr abgerissen wurden, wurde in Münster pro Radfahrer gebaut. So entstand über Jahrzehnte ein durchgängiges, selbst erklärendes Wegenetz – das ist selten in Deutschland. Doch dieser Vorteil wandelt sich nun ins Gegenteil: Das Radnetz ist veraltet.

Ein Problem sind die vielen Hochbordradwege in der Innenstadt. Sie sind kaum breiter als ein Fahrradlenker. Das ist zu wenig Platz bei einem Radanteil von rund 40 Prozent am Gesamtverkehr. Ausreichend Platz haben die Radfahrer in Münster in erster Linie auf der Promenade. Das ist eine etwa fünf Kilometer lange Ringstraße auf dem einstigen Befestigungsring der Stadt, die die Altstadt umschließt. Aber ausgerechnet hier, wo Radfahrer wirklich schnell unterwegs sein könnten, müssen sie andauernd halten, um Autofahrern auf kreuzenden Straßen Vorfahrt zu gewähren.

Parkplatznot in Münster. Der Fahrradstadt fehlen sichere und überdachte Abstellanlagen.

Die Promenade ist Münsters Flaniermeile für Radfahrer. Auch hier haben Autos Vorfahrt.

Radfahrern mehr Platz verschaffen

Sicher, das Wegenetz ist durchgängig und im Gegensatz zu anderen Städten sind in Münster selbst Ortsfremde intuitiv unterwegs. Jeder noch so kleine Teilabschnitt ist für Radfahrer markiert. Beim Linksabbiegen leitet eine gut markierte Velo-Spur den Radler vom Hochbordradweg über einen abgesenkten Bordstein auf die Straßen zur Aufstellfläche vor der Ampel. Hier sind die Radfahrer im Blickfeld der Autofahrer und können auf einer eigenen schmalen Spur sicher links abbiegen, um zurück auf den Hochbordradweg zu gelangen. Doch das reicht heute nicht mehr aus. Um den Anschluss nicht zu verpassen, muss die Stadt ihr Radwegekonzept dringend modernisieren.

Hier kommen sich Radfahrer und Fußgänger immer wieder in die Quere.

101 km quer durch den Pott

24

Der RS1 ist Europas längster Radschnellweg

Die Autobahn 40 ist die Schlagader für viele Pendler im Ruhrgebiet. Aber bald bekommt sie Konkurrenz: Zwischen Essen und Mülheim verläuft der erste Abschnitt des Radschnellwegs RS1, des ersten offiziellen Radschnellwegs der Bundesrepublik. Wenn er fertig ist, soll er insgesamt 101,7 Kilometer lang sein. Damit wird er der längste Radschnellweg Europas sein und zwischen Hamm und Duisburg zehn Zentren miteinander verbinden.

Der erste Abschnitt des RS1 ist vier Meter breit, 10,4 Kilometer lang, geht meist geradeaus und ist weitestgehend mit einer frischen Asphaltschicht versehen. Im Gegensatz zu den Autofahrern auf der A 40 haben die Radfahrer auf dem RS1 freie Fahrt. In Essen müssen sie an einer Ampel stoppen, ansonsten gilt: Bahn frei bis Mülheim. Das ist komfortabel und ein deutliches Signal. Mit dem RS1 beginnt eine neue Epoche für Rad-

Auf dem RS 1 werden die Wege von Radfahrern und Fußgängern deutlich getrennt.

Fertiggestellt, wird der Radschnellweg zehn große Zentren im Revier verbinden.

fahrer in Nordrhein-Westfalen. Die Landesregierung will den Radverkehr massiv steigern. Berufstätige mit Strecken unter zehn Kilometer Arbeitsweg können auf dem Radschnellweg zur Arbeit pendeln.

Vor dem Bau des RS1 haben Experten, die sonst den volkswirtschaftlichen Nutzen von Autobahnen oder Eisenbahntrassen berechnen, eine Machbarkeitsstudie für das Projekt erstellt. Demnach könnten täglich mehr als 50.000 Autofahrer von der A 40 und anderen Strecken auf den RS1 wechseln. Im Idealfall könnten so täglich zehn Weltumrundungen per Auto eingespart werden.

Schicker radeln auf dem RS1

Mit dem RS1 werden erstmals Standards für Radschnellwege gesetzt. Dazu gehören angemessen breite Fahrspuren, Servicestationen, Beleuchtung und ein Winterdienst. Für Deutschland ist das ein Novum. Mit diesen Standards will das nordrhein-westfälische Verkehrsministerium den Planern das nötige Handwerkszeug für den Bau von Radschnellwegen liefern. Außerdem hat der ehemalige Verkehrsminister des Landes, Michael Groschek, Radschnellwege als neue Wegekategorie eingeführt; sie sind nun gleichberechtigte Landesstraßen in NRW. Das erleichtert zukünftig ihre Planungen und den Bau. Denn nun sind nicht mehr die Kommunen, sondern ist das Land Nordrhein-Westfalen für ihren Bau und Unterhalt zuständig.

Das Land taxiert die Kosten auf 184 Millionen Euro. Das ist viel, aber für einen Kilometer Autobahn auf der grünen Wiese kalkulieren Planer etwa eine Million Euro. In der Stadt sind die Kosten wesentlich höher. Und im Gegensatz zu anderen Straßenbauprojekten soll der RS1 nicht nur kosten, sondern auch Geld einbringen. Laut den Autoren der Kosten-Nutzen-Analyse liegt das Verhältnis für den RS1 bei 4,8 – das heißt, jeder investierte Euro bringt 4,80 Euro ein.

Flaniermeile in luftiger Höhe

25 Wuppertal: Bahntrasse wird zum Radweg

Filmregisseur Tom Tykwer hat Wuppertal einmal als das „San Francisco Deutschlands“ bezeichnet. Steile, enge Straßenzüge sind das Markenzeichen der Stadt im Bergischen Land. Radfahren ist hier für Untrainierte eigentlich eine echte Herausforderung. Dennoch steigen immer mehr Wuppertaler in den Sattel.

Das hat einen Grund. Im Norden der Stadt gibt es seit einiger Zeit die Nordbahntrasse, eine einzigartige Flaniermeile für Radler. Sie ist 23 Kilometer lang, sechs Meter breit und führt oftmals auf hohen Stelen über das Tal. Der Bürgerverein Wuppertal Bewegung hat die ehemalige Bahntrasse zu einem Radschnellweg umbauen lassen.

Initiator des Projekts war Carsten Gerhardt. Der Unternehmensberater wanderte vor Jahren an einem sonnigen Sonntag über die zugewachsene Trasse. Zehn Kilometer folgte er dem alten Schienenverlauf, passierte dabei dunkle Tunnel, überquerte hohe Brücken und altertümliche Viadukte. Nach ein paar Stunden hatte er das ganze Tal auf diesem Höhenweg durchquert. Gerhardt war begeistert und berichtete Freunden von seiner Entdeckung. Schnell war die Idee für einen Rad- und Fußweg im Gespräch, und die Experten der Runde erstellten eine Machbarkeitsstudie. Das Ergebnis überzeugte. Für nur 20 Millionen Euro konnten sie die ehemalige Bahntrasse aus ihrem Dornröschenschlaf befreien und in einen Radschnellweg umwandeln. EU-Fördertöpfe würden 80 Prozent der Kosten beisteuern, sofern die Stadt 3,5 Millionen Euro übernähme. Doch die erklärte der inzwischen gegründeten Wuppertal-Bewegung, dafür sei kein Geld vorhanden.

Alle packen mit an: Mitglieder des Vereins und viele ehrenamtliche Helfer.

Sie befreien die Trasse von Müll und Gestrüpp und pflastern Wege.

Klasse Trasse: Die Verbindung ist schnell und die Aussicht oft atemberaubend.

Für die Vereinsmitglieder war das ein Ansporn. Sie beschafften das Eigenkapital über Sponsoren und erhielten kurze Zeit später die Zusage für die EU-Fördergelder aus Brüssel. Als die Stadt den Bau der Trasse ebenfalls nicht übernehmen konnte, gründeten sie kurzerhand eine eigene Bau- und Betreibungsgesellschaft und legten mithilfe Hunderter Freiwilliger los.

Bürger bauen Radweg aus eigener Kraft

Rund 20-mal rückten die ehrenamtlichen Helfer an, um die Trasse in ihrer Freizeit von Müll, Bäumen und Gestrüpp zu befreien oder Wege zu pflastern. Die Arbeit war mühsam, aber sie hat sich gelohnt. Heute ist die Nordbahntrasse ein Leuchtturmprojekt für den Radverkehr. Der 23 Kilometer lange Weg ist über 15 Kilometer sechs Meter breit und führt durch sechs Tunnel, vier Viadukte und 23 Brücken. Kinder und Jugendliche fahren über die Trasse zur Schule, und wer im Norden der Stadt wohnt und arbeitet, nutzt sie zum Pendeln. Bei schönem Wetter wird der Platz auf dem Radweg knapp.

Zwischenzeitlich gab es Konflikte zwischen der Wuppertal-Bewegung und der Stadt. Nach einer Weile übernahm die Stadt schließlich doch den Bau der Trasse, aber die Wuppertal-Bewegung war weiterhin maßgeblich an der Umsetzung ihrer eigenen Planung beteiligt. Ohne die Initiative und das große Engagement der Wuppertaler würde es die Nordbahntrasse heute nicht geben.

Volksentscheid Fahrrad

Berlin: Per Bürgerprotest zum Radgesetz

26

Für Außenstehende sah es ein bisschen aus wie der Kampf zwischen David und Goliath. 2015 forderten ein paar Dutzend Radfahrer in Berlin die Verkehrsbehörde heraus. Seit Jahren versprach die Stadt, die Radinfrastruktur auszubauen. Aber den Berliner Bürgern ging der Ausbau zu langsam und nicht weit genug. Sie wollten, dass alle Stadtbewohner, vom Kind bis zum Rentner, sicher und ohne Angst in der Hauptstadt Rad fahren können. Erreichen wollten sie das unter anderem mit Radschnellwegen, Fahrradstaffeln der Polizei, die Falschparker auf Radstreifen abschleppen lassen und sogenannten „protected bikelanes", also Radspuren, die mit Pollern von der Autospur räumlich deutlich getrennt sind. Sollte die Politik nicht mitspielen, wollten sie ihre Forderungen per Volksentscheid über ein Radgesetz durchsetzen.

Radverkehr wird Wahlkampfthema

Die Aktivisten gingen strategisch vor. Sie entwickelten gemeinsam zehn zentrale Forderungen und ließen sie von Rechtsanwälten hinsichtlich ihrer Machbarkeit prüfen. Zeitgleich zeigten sie über verschiedene Aktionen, wo und warum Rad fahren in Berlin gefährlich sei, und präsentierten auch gleich einen Lösungsvorschlag. Via Presse, Twitter und Facebook machten sie ihre Aktionen bekannt und warben in Diskussionen und Vorträgen für ihre Sache.

Heinrich Strößenreuther (vorn im Bild) war die treibende Kraft beim Volksentscheid.

Hartnäckig sind die Aktivisten immer wieder für ihre Ziele auf die Straße gegangen.

Ihr Vorgehen kam bei der Bevölkerung gut an. Viele Menschen fühlten sich seit Jahren von der Senatsverwaltung verschaukelt. Die hatte zwar ein prima Radverkehrskonzept in der Schublade liegen, machte aber weder Geld noch Personal locker, um es umzusetzen. Das Klima war gut für die Initiative. Innerhalb von vier Wochen wurden 105.000 Unterschriften gesammelt. 20.000 wären für die erste Etappe zum Radgesetz per Volksentscheid notwendig gewesen. Die große Zustimmung der Bevölkerung spielte ihnen wenige Wochen vor der Berliner Abgeordnetenhauswahl ein mächtiges Druckmittel in die Hand. Die junge Initiative hatte geschafft, wovon viele Radfahrerverbände jahrzehntelang träumten: Der Radverkehr war Wahlkampfthema in der Hauptstadt. Inzwischen ist die Bewegung wieder einen Schritt weiter. Nach monatelangen Verhandlungen will die amtierende Regierung in ihrem Mobilitätsgesetz viele Forderungen des Volksentscheids Fahrrad übernehmen. Nachahmer in Bamberg und Hamburg sind bereits dabei, das Konzept in ihrer Stadt zu kopieren.

Geschafft: Mit 105.000 Unterschriften haben sie ihr Ziel erreicht.

Das Dienstrad vom Chef

Gleiche Steuervorteile für Rad- und Autofahrer

27

Mit der Einführung des Dienstwagenprivilegs für Fahrräder ist Deutschland weltweit Vorreiter. Günstiger als über den Chef bekommt man kaum ein neues Bike. Den Arbeitgeber kostet das nichts außer den Verwaltungsaufwand in der Personalabteilung. Wie beim Dienstwagen schließt der Arbeitgeber mit einem oder mehreren Fahrrad-Leasing-Dienstleistern einen Vertrag ab. Den Rest erledigen die Dienstleister dann fast allein. Nur die Verträge müssen später vom Arbeitgeber genehmigt werden.

Der Ablauf ist denkbar einfach: Der Mitarbeiter sucht sich entweder im Fahrradladen oder während einer Roadshow der Leasingrad-Anbieter ein Fahrrad aus. Dann füllt er den Vertrag aus, der von der Personalabteilung geprüft wird. Die schickt den Vertrag zum Leasinganbieter, und schon kurze Zeit später kann der Mitarbeiter sein Fahrrad abholen. Die Leasing-Raten werden per Gehaltsumwandlung vom Bruttogehalt

Steuervorteile für Radler: Das Dienstwagenprivileg gilt auch fürs Fahrrad.

Für Arbeitnehmer lohnt sich das Dienstrad. Sie sparen jeden Monat Steuern.

abgezogen. Damit sinkt das zu versteuernde Einkommen. So müssen Mitarbeiter und Unternehmen weniger Abgaben leisten. Einige Firmen geben die Ersparnisse an ihre Mitarbeiter weiter, etwa indem sie die Radversicherung zahlen.

Dienstrad ist ein Steuersparmodell

Die Leasingrate wird direkt vom Gehalt abgezogen. Für ein E-Bike, das im Laden beispielsweise 2500 Euro kostet, liegt die Rate bei einem Gehalt von 3000 Euro brutto bei rund 69 Euro. Da der Betrag jedoch vor dem Versteuern abgezogen wird, fehlen dem Arbeitnehmer nur rund 47 Euro beim Nettolohn.

Bei allen Dienstfahrzeugen wird der sogenannte geldwerte Vorteil fällig. Der beträgt bei Autos und Fahrrädern jeweils einen Prozent vom Listenpreis – also 25 Euro pro Monat in diesem Rechenbeispiel. Diese sind in dem Rechenmodell in den 47 Euro bereits enthalten. Besonders für hochwertige Räder wie E-Bikes ist dieses Steuersparmodell attraktiv. Nach Ablauf der Leasingzeit nach 36 Monaten können die Nutzer das Rad entweder zurückgeben oder kaufen.

SkyCycle-Highway in China

Stelzenradweg führt sicher durch die Stadt

28

Städte im Ausland zeigen seit einigen Jahren eindrucksvoll, wie politischer Wille und clevere Investitionen in die Radinfrastruktur das Mobilitätsverhalten der Bevölkerung in kurzer Zeit massiv verändern. Ein Vorzeigeprojekt ist der SkyCycle-Highway im südchinesischen Xiamen. Innerhalb von sechs Monaten hat das dänische Architekturbüro Dissing und Weitling den Stelzenradweg geplant und gebaut. Allein die politische Struktur in China macht eine so schnelle Umsetzung möglich. In Deutschland ist dieses Tempo aufgrund von Planungsabläufen und Beteiligungsverfahren undenkbar.

Der sogenannte SkyCycle-Highway nutzt den freien Luftraum über den Autostraßen und unter der Brücke der städtischen Schnellbuslinie. Im Gewirr der vielen Hochstraßen fällt das neue Bauwerk kaum auf. Dafür sind die Radfahrer auf dem knapp fünf Meter breiten Weg unter sich. Der Radwegschnellweg mit dem grünen Belag ist 7,6 Kilometer lang, verläuft kreuzungsfrei durch die Stadt und verbindet die großen Wohnviertel mit den zentralen Geschäftszentren. Für Pendler ist das extrem praktisch. Denn die elf sanft geschwungenen Abfahrten münden an den zentralen Bushaltestellen und U-Bahnstationen.

Entspannt und sicher durch den Verkehr

Der Bau der Brücke war innovativ, aber auch eine pragmatische Entscheidung. Die Stadt hat ein massives Stau- und Umweltproblem. Nur wenige Menschen in Xiamen fuhren überhaupt noch Rad. Ihre Spuren auf der Fahrbahn wurden vor langer Zeit für Pkws freigegeben, und der tägliche Kampf um ein Stückchen Platz auf der Straße war den meisten Pendlern zu anstrengend, zu gefährlich und – inmitten der Abgase – auch zu ungesund. Der Hochradweg bot eine Möglichkeit, diesen Prozess umzukehren.

Die Hemmschwelle für eine Testfahrt ist niedrig. Interessierte Pendler brauchen kein eigenes Fahrrad, sondern können eines der 355 Mieträder ausleihen. Außerdem gibt es 253 Parkplätze für Privatfahrräder. Das macht das Kombinieren von Radfahren und öffentlichen Verkehrsmitteln leicht. Nachts wird der Radweg über Leuchten im Geländer angestrahlt. Die Regierung rechnet damit, dass zu Stoßzeiten rund 2000 Radfahrer pro Stunde auf dem SkyCycle-Highway unterwegs sind.

Radweg mit schöner Aussicht: Die SkyCycle-Highway ist auf Stelzen gebaut.

Zu Stoßzeiten sollen rund 2000 Radfahrer pro Stunde auf der Trasse unterwegs sein.

Der Radweg als Kraftwerk

Straßenbelag als Energiequelle der Zukunft?

29

Ein sicheres Radwegenetz reicht den Niederländern nicht mehr aus. Sie stellen inzwischen weit höhere Anforderungen an ihre Infrastruktur und setzen neue Maßstäbe. Mit einem Solarradweg wollen sie Energie produzieren. Ein erstes Pilotprojekt ist vielversprechend.

Für das Projekt wurde in Krommenie, 25 Kilometer vor Amsterdam, ein 70 Meter langer Solarradweg verlegt. Die einzelnen Module bestehen aus rechteckigen, zweieinhalb mal dreieinhalb Meter großen Betonelementen, in denen Solarmodule aus Silizium versenkt sind. Geschützt werden sie durch eine zentimeterdicke rutschfeste Schicht aus Sicherheitsglas.

Die ersten Testergebnisse überraschten laut Hersteller sogar die Entwickler. Demnach lieferte das befahrbare Kraftwerk deutlich mehr Energie, als sie erwartet hatten.

Befahrbare Stromquelle – in den Betonelementen sind Solarmodule aus Silizium versenkt.

Laut Hersteller liefert das ebenerdige Kraftwerk mehr Energie als erwartet.

Module sind marktreif

Zwei Jahre später wurde der sogenannte SolaRoad-Radweg in Krommenie um 20 Meter verlängert. Die neuen Elemente sind eine verbesserte Version der ersten Module und marktreif. Die Auswertung der Testphase ist noch nicht abgeschlossen, aber die Interessenten stehen bereits Schlange. Kalifornien will die SolaRoad-Module in abgelegenen Gebieten einsetzen, die schwer mit Energie zu versorgen sind.

Frankreich ist einen Schritt weiter. Dort wurde im Dezember 2016 in der nordfranzösischen Ortschaft Tourouvre die erste mit Solarzellen gepflasterte Straße der Welt eingeweiht. Sie ist einen Kilometer lang und soll mit ihrer 2800 Quadratmeter großen Fläche ausreichend Strom für die Straßenbeleuchtung einer Gemeinde mit 5000 Einwohnern produzieren. Dennoch sind Solarstraßen weiterhin umstritten. Schließlich sind Solarzellen auf Dächern weit effizienter und preiswerter als die Module für die Straße. Ihre Befürworter sehen sie aber als sinnvolle Ergänzung, um die versiegelte Asphaltfläche nicht nur als Fahrbahn, sondern auch zur Stromerzeugung zu nutzen.

Erste Ergebnisse: Prototyp besteht die mechanischen und thermischen Tests.

Schöner parken

Utrecht bekommt ein stilvolles Parkhaus

30

Breite Radwege, großzügige Fahrradbrücken und riesige Fahrradgaragen sind in Utrecht selbstverständlich. Mit dem größten Fahrradparkhaus schafft die Stadt jetzt Platz für 13.500 Räder und setzt auch neue Standards für die Parkinfrastruktur.

Irritierend ist nur das Wort „Parkhaus", denn es wird dem hellen und weitläufigen dreistöckigen Bauwerk nicht gerecht. Das Gebäude ist vielmehr eine Art Fahrradpark, in dem Radfahrern buchstäblich der rote Teppich ausgerollt wird. Ohne Stopp können sie rund um die Uhr auf breiten, rot gestrichenen Einbahnstraßen zu ihrem Parkplatz radeln. Ein digitales Leitsystem lotst sie über leicht steigende und abfallende Rampen zu den freien Plätzen. Geparkt wird per Chipkarte vom öffentlichen Nahverkehr. Die ersten 24 Stunden sind kostenfrei. Das ist praktisch und zeitgemäß. Zukunftsweisend ist die Gestaltung des Gebäudes durch das Architekturbüro

Das Fahradparkhaus ist hell, offen und für die Besucher stets sehr übersichtlich.

Der Materialmix ist abwechslungsreich und erzeugt immer wieder neue Effekte.

Flott zur Bahn: Drei Minuten dauert der Fußweg vom Parkplatz bis zum Bahnsteig.

Ector Hoogstad Architekten aus Rotterdam. Die Experten um Joost Ector haben Infrastruktur und Innenarchitektur völlig neu interpretiert. Die Kombination verschiedener Materialien aus Beton, Holz, Glas und großen Fenstern ist abwechslungsreich und sorgt immer wieder für neue Effekte. Zeitweise verlaufen die Radwege leicht versetzt auf verschiedenen Ebenen. Dennoch haben die Radfahrer stets Sichtkontakt, weil viele Bereiche verglast oder komplett offen sind oder es clevere Sichtachsen gibt.

Kathedralen-Atmosphäre

Für eine freundliche Atmosphäre sorgen zudem der Mix aus Tages- und Kunstlicht sowie die abwechslungsreiche Innenarchitektur. Mancherorts verbreitert sich die Fahrspur und lotst die Fahrer um riesige geschwungene Trompetensäulen herum. An diesen Plätzen reicht der Raum vom Untergeschoss bis zur oberen Etage hinauf. Dann wirkt das Parkhaus wie eine Kathedrale, an anderer Stelle wieder wie ein Lichthof oder wie eine Bücherei. Diese Unterschiede prägen das Flair des Gebäudes und lassen die Radfahrer den Raum immer wieder neu erleben. Trotz dieser architektonischen Finessen hatten die Planer das Zeitbudget ihrer Kunden stets im Blick. Nach einem dreiminütigen Fußmarsch erreicht der Radfahrer auch den entferntesten Bahnsteig. Dies und der integrierte Service im Haus waren für das Gesamtkonzept wichtig. Neben einem Fahrradverleih mit rund 700 Rädern gibt es eine Fahrradwerkstatt sowie kleine Servicestationen, etwa mit Druckluft, in Sichtweite der Fahrradständer.

Schicke „Fahrradschlange“

Luxusbrücke bringt Radler rasch ans Ziel

31

Deutsche Planer entwerfen Radspuren nach Regelwerk für die Velo-Fahrer ihrer Stadt. Dänemark baut architektonische Highlights, die den Menschen ihrer Stadt täglich zeigen: Radfahren macht Spaß. In Kopenhagen ist Radfahren Teil der Kultur und ein Designelement in der Stadtplanung.

In diesem Umfeld ist es leichter, außergewöhnliche Projekte durchzusetzen – beispielsweise die Cykelslangen (Fahrradschlange). Gemeint ist eine vier Meter breite und etwa 200 Meter lange Fahrradbrücke über das innere Hafenbecken in Kopenhagens Zentrum. Die Brücke schließt eine Lücke im Radwegenetz und verkürzt die Reisezeiten zu den Universitäten. Zuvor mussten die Radfahrer sich eine Brücke mit Fußgängern teilen, am Auf- und Abgang ihr Rad schultern und es mehrere Stufen hinauf oder hinunter tragen. Das kostete Zeit und störte zudem die Fußgänger. Aber die Brücke ist noch viel mehr. Sie ist ein Element, das dank seiner Form und Farbe eine Verbindung schafft zwischen den vielen verschiedenen Gebäuden in diesem Gebiet.

Die Cykelslangen schlängelt sich mit ihrem orangefarbenen Belag gut sichtbar zwischen den Glasfassaden der Hafengebäude hindurch. Nachts macht ihre integrierte Beleuchtung sie außerdem zu einem schicken Designelement. Die Baukosten betrugen rund 5,1 Millionen Euro. Die Cykelslangen illustriert den hohen Stellenwert des Radverkehrs in Kopenhagen. Er soll so attraktiv und sicher sein, dass möglichst viele Stadtbewohner ihn gerne und selbstverständlich nutzen und jederzeit einer Autofahrt vorziehen.

Hier stimmt alles: Die Brücke schließt eine Lücke und ist ein echter Hingucker.

Radstopp am Kühlschrank

32

Malmö fördert Radfahren als Lifestyle

Manche Fahrrad-Nerds können nur ruhig schlafen, wenn ihr Lieblingsrad neben ihrem Bett steht. Im Ohboy in Malmö soll jeder Mieter mit dem Fahrrad bis zum Kühlschrank fahren können. Den Architekten geht es jedoch weniger um Fahrradliebe als um mehr Komfort im autofreien Alltag.

Im Februar 2017 wurde in Malmö im neuen Stadtteil Västra Hamnen das weltweit erste kombinierte Hotel- und Wohnhaus für Radfahrer eröffnet: das Cykelhuset Ohboy. Auf sieben Etagen sind 55 Wohnungen und 33 Hotel-Apartments untergebracht. Radfahren soll den Gästen und Bewohnern Spaß machen und möglichst komfortabel sein. Deshalb gibt es einen Bike-Verleih mit Lastenrädern im Haus, außerdem eine Fahrrad-Rikscha für Ausflüge mit Älteren sowie ein Kindergartenrad mit sechs Sitzen. Bei Pannen soll eine der drei Fahrradwerkstätten im Haus für schnelle Hilfe sorgen. Um ihren Einkauf bequem auszuladen, können die Hausbewohner mit dem Lastenrad sogar bis in die Küche fahren. Dafür wurden Türen, Lifte und Korridore verbreitert.

Ziel für 2018: 30 Prozent aller Wege per Rad

Eine nachhaltige Stadt braucht auch einen nachhaltigen Verkehr. Malmös Radwegenetz ist selbst für schwedische Verhältnisse gut ausgebaut. Rund ein Viertel aller Wege wird mit dem Fahrrad zurückgelegt. Ende 2018 sollen es 30 Prozent sein. Damit das gelingt, räumt Malmö den Radfahrern an rund 30 Knotenpunkten in der Stadt Vorfahrt ein. Wenn sie sich der Kreuzung nähern, schaltet die Ampel auf Grün. Aber die Schweden bauen nicht nur die nötige Infrastruktur, sondern haben auch ein fantasievolles Fahrradprogramm entwickelt, das mit unterschiedlichen Kampagnen wie „No ridiculous car trips“ die Menschen in der Stadt zum Umsteigen bewegen soll. Die Teilnehmer sollten ihre absurdeste Autofahrt schildern – je kürzer und überflüssiger sie war, umso besser. Der Sieger erhielt für die verrückteste Fahrt ein Fahrrad.

Im Hotel und Wohnhaus Ohboy ist das Fahrrad für die Bewohner die erste Wahl.

Radbrücke als Wahrzeichen

Helsinki setzt auf nachhaltige Mobilität

33

Die Hauptstadt Finnlands wächst. In den kommenden zehn Jahren rechnen die Politiker mit 100.000 zusätzlichen Einwohnern. Damit der Platz reicht, sollen möglichst alle Stadtbewohner nur noch Bus, Bahn und Fahrrad fahren. Deshalb legt sich Helsinki seit ein paar Jahren mächtig ins Zeug und baut für Radfahrer ein Leuchtturmprojekt nach dem anderen. Radschnellwege nennt man in Helsinki „Baanas". 160 Kilometer Baana-Routen will die Stadt in den kommenden Jahren an das rund 1200 Kilometer lange Radwegenetz stückeln. Sie werden die wichtigsten Wohn- und Arbeitsviertel miteinander verbinden. Ein kleines Teilstück zwischen Hauptbahnhof und Westhafen ist bereits fertig. Der ehemalige Handelshafen wird gerade in ein riesiges Wohngebiet umgebaut. Früher wurden von hier die Waren per Eisenbahn zum Hauptbahnhof geschafft. Inzwischen ist die ehemalige Eisenbahntrasse ein 1,3 Kilometer langer Radschnellweg, der unterhalb der Straße verläuft. Er ist durchschnittlich 15 Meter breit, an der breitesten Stelle sogar 34 Meter. Die Strecke ist kurz, aber ein Sahnestück für jeden Radfahrer. Denn sie verläuft mitten durchs Stadtzentrum und erspart ihnen viele Stopps an großen Kreuzungen. Außerdem soll sie langfristig zu einer 15 Kilometer langen Trasse werden.

Helsinki will Fahrradstadt werden: Hier heißen die Radschnellwege Baana.

Bike-Sharing-Station direkt vor dem Präsidentenpalast am Hafen.

Radbrücke wird neues Wahrzeichen für Helsinki

Helsinkis Politiker meinen es ernst, sie wollen den Anteil der Autos in ihrer Stadt mindern. 2019 soll mit dem Bau der Kronenbrücke begonnen werden. Geht alles nach Plan, wird sie in ein paar Jahren das zukünftige Wohngebiet im Osten der Stadt mit dem Stadtzentrum verbinden. Über die rund zwei Kilometer lange Brücke sollen 40.000 neue Einwohner zu Fuß, per Rad oder S-Bahn ins Zentrum gelangen. Autos sind nicht vorgesehen. Wer mit dem Pkw in die Stadt will, muss einen Umweg fahren. Die 130 Meter hohe Brücke wird voraussichtlich 260 Millionen Euro kosten und soll das neue Wahrzeichen für Helsinki werden – ein Magnet für Stadt- sowie für Seetouristen.

Um den Menschen das Umsteigen zu erleichtern, hat Helsinki 2015 außerdem Bike-Sharing eingeführt. Im Stadtgebiet gibt es inzwischen 1400 Fahrräder an 140 Stationen für die 635.000 Einwohner. Das heißt, alle 300 Meter gibt es eine Radstation, sogar direkt vor dem Präsidentenpalast am Hafen. Das neue Verkehrskonzept kommt bei den Bewohnern gut an. Innerhalb von einem Jahr ist der Anteil der Radfahrer in den Sommermonaten bereits von zehn auf 15 Prozent gestiegen.

Spaniens Fahrradhauptstadt

Vitoria-Gasteiz: Ein Zentrum ohne Autolärm

34

Hustende Mopeds, Autoschlangen und Gehupe – so stellen sich viele Menschen den Süden Europas im Sommer vor. Vitoria-Gasteiz ist genau das Gegenteil. Die Stadt liegt 500 Meter über dem Meeresspiegel inmitten von Wäldern, eingerahmt von Bergen. Hier kann es auch im Sommer kühl sein. Bis auf die Altstadt Gasteiz, die auf einem Hügel liegt, ist die Stadt topfeben. Das sind gute Voraussetzungen fürs Radfahren, aber noch vor zehn Jahren musste man Radler in der Stadt suchen. Gerade mal 3,4 Prozent betrug ihr Anteil am Gesamtverkehr. Dabei ist die Stadt für Radfahrer und Fußgänger attraktiv, denn sie ist sehr kompakt. Rund um die Altstadt, in einem Radius von drei Kilometern, leben 89 Prozent der Bevölkerung. „Wenn Sie bis zur Stadtgrenze laufen, sind Sie 40 Minuten unterwegs", sagt Juan Carlos Escudero, der die Umsetzung des nachhaltigen Mobilitätsplans in Vitoria-Gasteiz koordiniert, „mit dem Fahrrad brauchen Sie gerade mal zwölf Minuten."

Mehr Platz für Menschen

Vor zehn Jahren haben sämtliche Parteien der Stadt den nachhaltigen Mobilitätsplan unterschrieben. Damals blockierten parkende Autos 64 Prozent der Straßen und Plätze. Das fanden die Politiker undemokratisch. Sie wollten ihnen nur noch 15 bis 20 Prozent des Straßenraums überlassen. Die übrige Fläche sollten Radfahrer und Fußgänger bekommen. Verkürzt heißt das: eine Stadt für Menschen statt für Autos.

Große Einfallstraßen wurden komplett umstrukturiert, beispielsweise die Sancho el Sabio Kalea. Früher gab es hier vier Parkspuren, und die Autos fuhren zweispurig in zwei Richtungen. Heute surrt hier eine Straßenbahn übers Grün. Die Parkplätze wurden abgeschafft, es gibt nur noch eine verkehrsberuhigte Autospur in eine Richtung. Radfahrer fahren auf der Straße und auf breiten Gehwegen, die sie sich mit den Fußgängern teilen.

Ein neuer Radweg – vor dem Umbau gab es hier nur Fahrspuren für Autos.

Autos sind im Stadtzentrum verboten – nur Anlieger dürfen hier durchfahren.

Im Grunde haben die Entscheider nur die Vorzeichen verändert. Was früher für Autofahrer galt, dürfen jetzt Radfahrer und umgekehrt. In weiten Teilen der Stadt wurden herkömmliche Straßen zu Einbahnstraßen umgewandelt, Autos wurde ein Parkstreifen weggenommen, Tempo-30-Zonen wurden eingeführt und Radfahrer erhielten Vorrang. Während Autos nur noch in eine Richtung fahren dürfen, können Radler beide Richtungen nutzen. Auf diese Weise haben die Politiker den Anteil der Radfahrer in den vergangenen sieben Jahren fast vervierfacht (Stand 2015), Tendenz weiter steigend. Außerdem gehen deutlich mehr Menschen wieder zu Fuß und der Anteil der Autofahrer in der Stadt sank von 36 auf 25 Prozent. Vitoria-Gasteiz ist mittlerweile die Fahrradhauptstadt Spaniens.

Prima Klima in Portland

35

Weltoffen, Fahrrad-verliebt und etwas crazy

Portland ist das Epizentrum des etwas anderen Amerika. Nirgendwo sonst wird in den USA so viel Rad gefahren wie in der einstigen Hippie-Metropole. Die Stadt ist der Vorzeigeschüler der amerikanischen Energiepolitik und besitzt eine kreative Kulturszene. Der berühmte Slogan der Stadt lautet: „Keep Portland weird." Die Fahrradszene ist dieser Aufforderung gerne nachgekommen und bespielt das ganze Spektrum – von alltäglich über innovativ bis bizarr.

In die Kategorie bizarr gehört eindeutig die Freakbike-Szene, die von der lokalen Politik massiv unterstützt wird. Sie ist eine Art Karneval der Fahrradkultur, die mit zahlreichen verspielten Aktionen in der Stadt präsent ist. Eine davon ist das wöchentliche „Zoobooming". Dabei rasen Sonntagnacht Erwachsene auf selbst gebauten 12- bis 20-Zoll-Kinderrädern eine einsame Hangstraße des Zoos hinunter. Unten angekommen, bringt der Fahrstuhl sie zurück zur Spitze des Hügels für die nächste Abfahrt. Während deutsche Behörden und Politiker die Wettfahrt im Dunkeln sicherlich verbieten würden, hat Portland den Zoobombers in der Stadt sogar ein Denkmal aufgestellt. An dem grauen Mast im Zentrum können die Radfahrer die Woche über ihr Rad anschließen. Auf der Spitze thront ein mit Goldfarbe lackiertes Kinderrad.

Nackt im Sattel

Berühmt ist Portland für seinen „World naked bike ride", bei dem 10.000 Teilnehmer nackt oder leicht beschürzt durch Portlands idyllische Straßen radeln, um auf ihre Verletzlichkeit hinzuweisen. Die Veranstaltung ist ein lustiges Happening, für das viele Teilnehmer sich Haut und Haar verzieren. Neben diesen exotischen Veranstaltungen gibt es ebenso viele Touren, die alle Stadtbewohner zum Radfahren verführen sollen – wie die jährliche Brückenfahrt oder Touren am kältesten bzw. heißesten Tag des Jahres.

Parkplatz für Zoobomber-Räder. Nur sonntags sind die Kinderräder im Einsatz.

Die Tilikum-CrossingBrücke ist die längste autofreie Radfahrerbrücke der USA.

Kostenloses Frühstück für Fahrradfahrer

Radfahren wird den Menschen in der Stadt leicht gemacht. Sie sind mehr als gleichberechtigte Verkehrsteilnehmer, sie werden sogar fürs Biken belohnt. Am letzten Freitag jeden Monats ist auf allen Brücken der Stadt „Breakfast on the bridges"-Tag. Dann bekommen alle Radfahrer kostenlos Donuts und Kaffee – als Dankeschön für ihr umweltfreundliches Verhalten. Die Stadt hat den höchsten Anteil an Radfahrern im ganzen Land. Etwa 16 Prozent pendeln mit dem Bike zum Job. Das ist für Amerika ein Spitzenwert. Portland strengt sich aber auch an. Wer mit 20 km/h durch die Stadt fährt, hat grüne Welle. Eine gut sichtbare und klar separierte Radinfrastruktur sorgt dafür, dass die meisten Menschen sich am Sattel sicher fühlen. Außerdem ist die Tilikum-Crossing-Brücke mit ihren 518 Metern die längste autofreie Radfahrerbrücke der USA.

Biken ist mitten in Portland Normalität geworden. Die Politiker haben das erkannt. Das Fahrrad ist hier Wahlkampfthema. Wer gegen das Fahrrad wettert, wird niemals eine Wahl gewinnen.

Rad fahren trotz Tiefschnee

Wintercycling ist Oulus Markenzeichen

36

Radfahren ist im Dezember in Oulu so selbstverständlich wie Schlittenfahren. Bei Minustemperaturen und hüfthohem Schnee radeln in der nördlichsten Großstadt der EU die Kinder morgens zur Schule, Pendler zur Arbeit und Rentner zum Einkaufen – in Alltagskleidung auf Cityrädern.

Oulus Standards machen den Menschen die Entscheidung fürs Fahrrad auch im Winter leicht. Die Radwege sind dort 3,5 bis sechs Meter breit und überwiegend vom Autoverkehr getrennt. Das ist notwendig, denn der Schnee würde im Winter monatelang Radstreifen auf der Fahrbahn verdecken. Um niemanden zu behindern, wird dieser auf breiten Grünstreifen zwischen Radwegen und Autostraße aufgehäuft. Im Winter rücken die Räumfahrzeuge rund um die Uhr aus, um alle Radwege morgens vor 7 Uhr für die Pendler zu präparieren. Das ist schon fast eine Kunst. Über Jahrzehnte haben die Verantwortlichen ihre Technik verfeinert. Es geht nicht darum, die Wege komplett vom Schnee zu befreien, sondern so zu bearbeiten, dass Radfahrer gut vorankommen. „Wir pflügen die Schneedecke regelrecht, sodass eine harte, raue Schneedecke entsteht, die bis zu fünf Zentimeter dick ist“, erklärt Pekka Tahkola.

Ausrutschen ist hier ausgeschlossen. Die Radwege werden in Oulu gut präpariert.

Auch im Winter sind die Stadtbewohner sicher auf den Radwegen unterwegs.

Tahkola liebt das Radfahren im Winter. 2013 organisierte er zusammen mit Timo Perälä die erste internationale Winter Cycling Conference (WCC) in Oulu. 150 Besucher kamen aus zehn verschiedenen Ländern, viele von ihnen aus typischen Winterstädten wie Winnipeg oder Saint Paul im nördlichen US-Bundesstaat Minnesota. Während der Konferenz haben sie in Oulu den Anteil der Radfahrer am Gesamtverkehr gemessen. Er betrug laut Tahkola über 20 Prozent. Im Sommer steigt der Anteil auf über 30 Prozent.

Heiße Getränke für Winterradler

Von diesen Zahlen träumen viele deutsche Städte, aber Oulus Politikern reicht das noch nicht aus. Mit einem „Winter bike to work day" versuchen sie, das Alltagsradfahren im Winter noch populärer zu machen. Um einen Anreiz zu schaffen, bieten einige Cafés den Teilnehmern bis morgens um 10 Uhr kostenlos warme Getränke oder Frühstück an. Auf zugefrorenen Seen werden zudem Stände aufgebaut, die morgens oder abends zum Feierabend kostenlose Heißgetränke oder Essen verteilen. Tahkola ist überzeugt: „Minustemperaturen hindern niemanden am Radfahren" – ein schlechter Winterdienst und eine miese Infrastruktur dagegen schon.

Und sie tun es doch!

37

Viel Spott und Häme für Dreirad-Pionierinnen

Radfahren galt in der Mitte des 19. Jahrhunderts in Deutschland als unweiblich und lasterhaft. Als die ersten Frauen sich dennoch mit ihren bodenlangen Röcken aufs Rad schwangen, schritten geschwind die Männer ein und pochten auf die Kleiderordnung. Einen Fuß oder gar ein Bein zu zeigen, galt als unzüchtig. Obwohl die Pionierinnen sich strikt an die Vorschriften hielten, wurden sie auf den Straßen lautstark beschimpft und verspottet.

Zunächst versuchten die Frauen den Attacken aus dem Weg zu gehen. Amalie Rother und ihre Freundin Clara Beyer, die ersten Radfahrerinnen in Berlin, flüchteten mit ihren Dreirädern in die Wälder vor der Hauptstadt. Als sie auch dort ausgelacht und beleidigt wurden, blieben sie in Berlin auf den Straßen und hielten Beschimpfungen sowie unzweideutige Aufforderungen aus.[12)]

Mehr Freiheit durchs Fahrrad

Ein gesellschaftlicher Umbruch kam für Rother durch die Erfindung des Damenrads und das erste Damenrennen 1893 in Berlin. Das sportliche Publikum war von der Leistung der Frauen beeindruckt, das Eis war gebrochen. Die Schmähungen verebbten, und immer mehr Frauen stiegen aufs Fahrrad, was die gesellschaftlichen Normen aufweichte. Radfahren verschaffte den Frauen mehr Freiheit. „Kein versäumter Zug, keine überfüllte Pferdebahn, kein Droschkenmangel mehr. Frei und unabhängig von allen anderen kann man auf die Minute bestimmen, wann und wo man sein will“, schreibt Amalie Rother in einem Buch 1897.[13)]

Die Pionierinnen brauchten Mut. Die Akzeptanz für Frauen auf Fahrrädern fehlte.

Das erste Damenrennen 1893 war für Amalie Rother ein gesellschaftlicher Umbruch.

Ob Frauen aufs Rad steigen dürfen oder nicht, ist bis heute eng mit der politischen Haltung der jeweiligen Gesellschaft verbunden. Dass sich diese Meinung ändern kann, zeigt anschaulich das Beispiel China. Anfang des vergangenen Jahrhunderts durften Chinesinnen nicht Rad fahren. Sie waren buchstäblich an Haus und Hof gebunden. Die Tradition sah vor, dass man Mädchen den Spannknochen brach und ihre Füße mit Tüchern auf Kindergröße zusammenschnürte. Diese brutale Mode endete abrupt in den 1940er-Jahren, als die Kommunisten nach dem Machtwechsel die Klassenunterschiede aufhoben und die Gleichstellung der Geschlechter einführten. Von dem Zeitpunkt an nutzten Männer wie Frauen selbstverständlich das Rad als Verkehrsmittel. Mehr noch: Mit ihren Männern betrieben Chinesinnen nun Fahrradwerkstätten am Straßenrand. Sie flickten Schläuche oder speichten Laufräder neu ein.

> „Ich glaube das Fahrradfahren hat mehr für die Emanzipation der Frauen getan als alles andere. Es gibt Frauen ein Gefühl der Freiheit und der Selbstbestimmtheit."
>
> *Susan B. Anthony, US-amerikanische Frauenrechtlerin, 1820–1906* [14)]

Tabubruch in Afghanistan

Rennradlerinnen trainieren für Olympia

38

Noch heute wird Frauen in einigen Ländern der Welt das Radfahren in der Öffentlichkeit von religiösen Führern verboten. Erst im September 2016 erließ Ali Khamenei, der höchste Führer der Mullahs im Iran, eine entsprechende Fatwa. Werden sie trotzdem im Sattel erwischt, droht ihnen das Gefängnis.

Trotzdem steigen die Frauen aufs Fahrrad – im Iran ebenso wie in Afghanistan. Dort trainieren seit Jahren Rennradfahrerinnen. Einige von ihnen waren im Team der Nationalmannschaft und wollten 2016 bei den Olympischen Spielen antreten. In der Zeit verfolgte die Welt gespannt die mutigen Frauen, die sich beim Training auf der Straße immer wieder vor Angriffen von Männern schützen mussten, um ihren Traum vom Radfahren zu realisieren.

Kampf für die Rechte der Frauen

Dass die Welt sie kennt, verdanken die jungen Frauen vor allem Shannon Galpin. Die Amerikanerin ist Mountainbikerin und Gründerin der Nichtregierungsorganisation Mountain 2 Mountain. Sie setzt sich seit Jahren weltweit für die Rechte und die Bildung von Frauen und Kindern ein. In Afghanistan organisierte sie verschiedene Projekte und durchquerte allein auf ihrem Mountainbike das Land. Während dieser Tour lernte sie die jungen Rennradfahrerinnen kennen und begann sie zu unterstützen.

Extreme Bedingungen: Menschen bewarfen sie beim Training mit Steinen.

Die jungen Radfahrerinnen sind Vorreiterinnen für viele Mädchen in Afghanistan.

Einige Jahre lief alles gut. Die Frauen trainierten hart. Shannon Galpin hatte für sie Sponsoren gefunden, die ihnen mit Rädern, Material und Geld halfen, ihr Ziel zu verfolgen. Die Regisseurin Sarah Menzies drehte den Dokumentarfilm *Afghan Cycles,* der zwölf der jungen Frauen beim Training und in ihrem Alltag zeigt. Aber die Bedingungen blieben schwierig und das Verhalten der Frauen spaltete die Gesellschaft. Während die einen ihnen zujubelten, bewarfen die anderen sie mit Steinen. Die Sportlerinnen hielten das aus. Sie wollten Afghanistan als Nationalmannschaft bei den Olympischen Spielen 2016 in Rio vertreten.

Kurz vor dem Ziel kam das Aus

Doch wenige Monate vor Olympia fehlten plötzlich Material und Sponsorengeld, das Galpin überwiesen hatte. Es gab Streit mit dem Trainer, Korruptionsvorwürfe wurden laut. Galpin übernahm das Ruder, reiste mit den Frauen nach Frankreich zu einem Turnier und ins Trainingslager. Als sich dort zwei der Sportlerinnen absetzten, um Asyl zu beantragen, war das das Aus. Jede weitere Zusammenarbeit war unmöglich.

Obwohl das abrupte Ende wie eine Niederlage erscheint, haben Galpin und das Rennradteam gemeinsam etwas ins Rollen gebracht. Sie haben den Blick der Welt auf Afghanistan gelenkt und gezeigt, dass Radsport für Frauen in muslimischen Ländern schwierig, aber möglich ist. Der Traum von Olympia ist für die Sportlerinnen zwar vorerst zu Ende, aber sie trainieren weiter. Inzwischen sind sie mit jungen Nachwuchsfahrerinnen unterwegs. Und sie sind Vorbilder – Vorreiterinnen ähnlich wie Amelie Rother im 19. Jahrhundert.

Fancy Women Bike Ride

39

Türkei – Protesttour mit Hut und Pumps

Angefangen hat alles als Fahrradtour unter Freundinnen durch die Stadt – mittlerweile ist der „Fancy Women Bike Ride“ ein Massenereignis geworden und ein Statement. Über 30.000 türkische Frauen schlüpften im September 2017 in luftige Sommerkleider, steckten sich Blumen ins Haar, stiegen auf ihre Fahrräder und radelten in über 50 türkischen Städten durch die Straßen.

Das wird dort nicht überall gern gesehen. Seit Jahren werden in der Türkei die Rechte der Frauen in der Öffentlichkeit immer stärker eingeschränkt. „Frauen sollen zu Hause bleiben, wenn sie schwanger sind. Sie sollen nicht laut lachen, keine Shorts tragen und einen Schritt hinter ihrem Mann gehen“, erklärt Pınar Pinzuti, eine der Organisatorinnen. Radfahren passt nicht dazu. Es erweitert den Handlungsspielraum der Frauen und bietet ihnen mehr Freiheit im Alltag. So war der fünfte „Fancy Women Bike Ride“ 2017 nicht nur ein Ansporn, öfter Rad zu fahren, sondern auch ein Protest für mehr selbstbestimmte Mobilität von Frauen.

Gemeinsame Tour am Sonntag. Die Teilnehmerinnen wollen auch im Alltag Rad fahren.

Buntes Treiben: Jedes Jahr sind mehr Frauen beim Fancy Bike Ride in der Türkei dabei.

Begonnen hat alles 2013. Damals organisierten Pınar Pinzuti und Sema Gür in Izmir die erste Ausfahrt der Frauen. Pınar Pinzuti ist seit ihrer Kindheit überzeugte Radfahrerin und weiß: „Mit dem Fahrrad komme ich überall hin. Sema Gür hat zwar erst mit 40 Jahren das Radfahren gelernt, war dann allerdings von der Leichtigkeit des Bikens sofort angefixt."

Mehr Frauen aufs Rad

Die beiden wollten unbedingt weitere türkische Frauen dazu ermuntern, aufs Rad zu steigen. Und zwar im Sommerkleid statt im Radtrikot und gerne auch mit Stöckelschuhen. Deshalb luden sie ihre Freundinnen und Bekannten zum ersten „Fancy Women Bike Ride" ein, an einen Sonntagnachmittag in Iszmir.

Mit dem Rad sind Frauen auch in der Türkei im Alltag flink und unabhängig unterwegs und erweitern so ihren Radius. Mit dem „Fancy Women Bike Ride" machen die Teilnehmerinnen einander Mut, öfter aufs Rad zu steigen, und sie zeigen der Gesellschaft: Wir sind viele.

Laut Pinzuti sind Frauen jeden Alters, aller gesellschaftlichen Schichten und verschiedener Glaubensrichtungen dabei. Mit jeder Ausfahrt wächst die Zahl der radelnden Türkinnen. Denn einige Teilnehmerinnen bieten inzwischen kleine private Fahrradkurse für Einsteigerinnen an. Sind die Frauen fit im Sattel, treffen sie sich regelmäßig zu gemeinsamen Ausfahrten.

Akrobatin auf dem Rad

40

Eine Frau zeigt Peking: Alltagsradeln ist cool

Ines Brunn hätte es einfacher haben können. Als Physikerin hatte sie in Peking einen angesehenen, gut bezahlten Job in einem Telekommunikationskonzern. Als in dem Fahrradparadies aber jeden Monat Radwege in Autospuren umgewandelt wurden, wollte sie diese Zerstörung stoppen und eröffnete in der Metropole einen Fixed-Gear-Fahrradladen. Ines Brunn liebt das Radfahren. Seit ihrer Kindheit fährt sie Kunstrad. Allerdings passten die starren Regeln dieses Sports nicht zu ihrer Leidenschaft fürs Rad. Und so entwickelte sie bald einen eigenen, tänzerisch-athletischen Stil. Kopfstand, Handstand und der Push-up-Handstand aus dem Liegestütz auf dem Rad sind fester Bestandteil ihrer Choreografie. Seit Jahrzehnten wird sie weltweit für ihre Shows gebucht.

Im Alltag fährt die sportliche Frau am liebsten Fixed Gear, also Räder mit starrem Gang und ohne Freilauf. In Peking war sie zur Jahrtausendwende regelmäßig auf einem solchen Bike unterwegs – und musste mit Entsetzen das Vordringen des Autos auf den Straßen beobachten.

Ähnlich wie Deutschland wollte auch die chinesische Regierung während der weltweiten Wirtschaftskrise den Autokauf ankurbeln. Wer sich einen Kleinwagen anschaffte, wurde in Peking mit Prämien und einem Steuernachlass belohnt. Das kam gut an. Allein im Jahr 2008 wurden in dem einstigen Fahrradparadies jeden Tag 1500 neue Autos zugelassen, ein Jahr später waren es schon doppelt so viele. „Ich war zehn Tage im Urlaub und anschließend waren 30.000 Autos mehr auf den Straßen“, sagt Ines Brunn. Parallel dazu sank die Zahl der Radfahrer.

Ines Brunn in ihrem Fixed-Gear-Laden „Natooke“ in Peking. Der Anfang war schwer.

Ines Brunn fährt Kunstrad. Ihr Markenzeichen ist ein tänzerisch-athletischer Stil.

Radaktivisten in Peking

Um den Chinesen die Freude am Radfahren wieder näherzubringen, organisierte Brunn zunächst Ausfahrten mit dem Fahrrad – mit mäßiger Nachfrage. Schließlich gründete sie den Fixed-Gear-Laden „Natooke". Der Start war schwer. Trotz cooler Räder und bunter Accessoires blieb die Kundschaft aus. „Die Ausländer waren zwar begeistert", erinnert sie sich, „aber die Chinesen blieben weg." Das änderte sich erst, als das Trendsetter-Magazin *iLook* ein Interview mit ihr veröffentlichte. Weitere Modemagazine zogen nach, und 2011 posierten die ersten Models für die Fotostrecken bereits mit Fixies. Seitdem ist Radfahren hip.

Etwa zu dieser Zeit entdeckte auch die Politik das Thema nachhaltige Mobilität und promotete in Fernsehspots das Radfahren. Die Deutsche wirkte in einem dieser Spots mit. Parallel dazu versuchte sie mit Mitstreitern aus der Botschaft und der Weltgesundheitsorganisation, die Entscheidungsträger in Peking für den Bau eines Super-Fahrrad-Highways zu begeistern. Der wurde zwar nicht in Peking, aber 2017 in Xiamen gebaut.

Inzwischen ist Ines Brunn zurück in Deutschland und hat geheiratet. Während der Feier überraschte sie ihrem Mann mit einem Hochzeitstanz auf dem Rad. Den Fahrradladen führen Freunde weiter.

Susanne Puello

41

Diese Frau prägt die Fahrradbranche

Nur wenige Frauen haben die Fahrradbranche maßgeblich beeinflusst. Eine von ihnen ist Susanne Puello, ehemalige Geschäftsführerin der Winora Group. Immer wieder schrieb sie mit ihren Marken Haibike und Winora auf der *Eurobike* Geschichte und setzte wichtige Impulse. Etwa bei der Elektrifizierung der Mountainbikes. Das Thema war 2010 durchaus umstritten. Viele fanden das Fahren mit Motor im Gelände überflüssig. Die Geschäftsführerin aus Schweinfurt dagegen erkannte früh das Potenzial der E-MTBs und förderte sie. Dabei ließ sie ihren Mitarbeitern Spielraum für ungewöhnliche Ideen. Beispielhaft hierfür ist die Positionierung des Motors. Die Haibike-Entwickler drehten den Motor in das Rahmendreieck. Das war ungewöhnlich und ein cleverer Schachzug. Im inneren Rahmentrapez war er vor Schlägen bei Geländefahrten geschützt und garantierte zugleich maximale Bodenfreiheit. Das war ein Alleinstellungsmerkmal von Haibike und machte die Marke zum Vorreiter.

So eine Entscheidung erfordert Mut und Vertrauen in die eigenen Mitarbeiter – Susanne Puello hatte beides. Und sie hörte ihren Mitarbeitern zu. Fand sie einen Vorschlag überzeugend und machbar, setzte sie ihn mit hohem Tempo um. Das ist wichtig, wenn man in einer derart schnelllebigen Branche vorn mitspielen will. Susanne Puello weiß das. Sie ist in diesem Umfeld groß geworden. Ihr Urgroßvater hatte Anfang des 20. Jahrhunderts eine kleine Fahrradmanufaktur eröffnet. Als sie das Geschäft Jahrzehnte später von ihrem Vater übernahm, stellte das Unternehmen Räder, Komponenten und Accessoires her. Als junge Frau arbeitete sie in allen Abteilungen, später machte sie die Winora Group zu einem modernen Fahrradunternehmen, das für Qualität und Innovation steht. Aber auch außerhalb der Branche hat ihr Wort Gewicht. 2016 berief der unabhängige Internationale Wirtschaftssenat (IWS) Susanne Puello als Senatorin. In dieser Funktion berät sie heute Politiker zu aktuellen politischen und wirtschaftlichen Themen.

Als 2017 die niederländische Accell Group das Unternehmen kaufte und sie mit den Umstrukturierungsmaßnahmen nicht einverstanden war, kündigte sie. Bereits wenige Monate später präsentierte sie mit ihrem neuen Partner KTM Industries ihr nächstes Unternehmen PEXCO, mit dem sie nun innovative Fahrräder mit und ohne Motor baut. Und hat wieder einmal gezeigt: Susanne Puello ist schnell … sehr schnell.

Susanne Puello ist eine wichtige Führungspersönlichkeit in der Fahrradbranche.

Mobil mit den Kleinsten

Lieblingsplätze für den Nachwuchs

42

Kinder verändern den Alltag ihrer Eltern und damit auch ihr Mobilitätsverhalten. Aufs Radfahren müssen junge Eltern aber selbst mit Baby nicht mehr verzichten. Alltagstaugliche Lösungen gibt es bereits für die Allerkleinsten. Im Lastenrad oder Fahrradanhänger können auch Säuglinge gut gebettet mitfahren.

Der Hersteller Weber bietet eine spezielle Babyschale an, die in viele Modelle passt. Wie beim Autositz gibt es auch für die Schale einen Sitzverkleinerer, der den Kopf bei Säuglingen stützt.

Anhängerspezialist Croozer geht einen anderen Weg. Der Hersteller hat eine Hängematte für die Kleinen entwickelt, die im Croozer sicher abgespannt wird. Können die Kleinen erst einmal sitzen, dürfen sie im Kindersitz hinter ihren Eltern mitfahren oder vorne zwischen ihren Armen. Die Frontsitze waren in Deutschland Mitte des vergangenen Jahrhunderts modern. Im Fahrradland Niederlande sind sie weiterhin sehr beliebt. Die Kleinen mögen es, während der Fahrt gemütlich zwischen den Armen ihrer Eltern zu sitzen. So können sie miteinander plaudern, und die Eltern haben ihren Nachwuchs stets im Blick. Für kurze Fahrten mit wenig Gepäck sind die Kindersitze praktisch.

Auch die Allerkleinsten dürfen mit. Spezielle Babyschalen machen das möglich.

Über die Follow-me-Kupplung wird aus zwei Rädern ein fest verbundenes Tandem.

Spaß im Gelände auch zu zweit

Bei Regen, Kälte, Wind oder starker Sonne punkten dagegen die Fahrradanhänger. Sie bieten einen besseren Wetterschutz und können, je nach Modell, auch zwei Kinder und viel Gepäck transportieren. Das gilt ebenso für Lastenräder. Die Schwertransporter sind zurzeit beliebt bei jungen Familien. Für sportliche Fahrer, die mit ihrem Nachwuchs gerne auf unbefestigten Wegen unterwegs sein wollen, ist der Singletrailer von Tout Terrain mit einem Federweg von 160 bis 200 Millimetern eine gute Alternative. Einziges Manko: Er bietet nur Platz für ein Kind.

Gut gefederter Kinderanhänger für den gemütlichen Ausflug mit dem Nachwuchs ins Grüne.

Mein erstes Fahrrad

Kinderräder müssen leicht sein und passen

43

Wer viel Rad fährt, weiß: Je leichter es rollt, umso lieber steigt man auf. Das gilt auch für Kinderräder. Viele Bikes für Kids wiegen deutlich mehr als zehn Kilo. Das klingt wenig, ist aber für die Kleinen, die selbst nur 20 bis 25 Kilogramm auf die Waage bringen, ein ziemlicher Brocken. Das haben einige Hersteller erkannt und bieten mittlerweile Kinderräder an, die die Zehn-Kilo-Marke deutlich unterbieten. Leichte Kindervelos zu bauen ist eine echte Herausforderung. Schließlich ist die Ausstattung dieselbe wie bei einem Erwachsenenrad. Kania, Woom oder auch Canyon setzen bei der Konstruktion auf besonders leichte, hochwertige Materialien. Die Rahmen sind aus Aluminium und auch die Komponenten wie Reifen oder Nabendynamo sind besonders leicht. Entscheidend ist darüber hinaus, dass alle Bedienteile auf Kinder ausgerichtet sind. Ein Beispiel sind die Bremsen. Die kleinen Finger müssen den Hebel bequem erreichen und gut bedienen können.

Grundstein für Spaß am Radfahren: Wenn das Rad zum Kind passt, fährt es gerne und viel.

Woom: Rabattaktion beim Kauf des nächstgrößeren Modells und der Rückgabe des alten.

Probefahrt: Pflicht für Kids

Kinderräder haben häufig eine Rücktrittbremse. Dabei können die Knirpse mit zwei Handbremsen effektiver stoppen als per Rücktritt und, je nach Stand der Feinmotorik, auch deutlich dosierter. Aber das finden sie bei einer Probefahrt schnell selbst heraus – die ist Pflicht beim Fahrradkauf.

Der Sportradhersteller Canyon verkauft auch Mountainbikes für Kinder mit einer Körpergröße zwischen 110 und 126 Zentimetern. Das kleinste Modell in der Reihe ist das Offspring AL 16. Sein Vorderrad hat 18 Zoll, das Hinterrad 16 Zoll. So hat der Knirps im Gelände mehr Grip und eine höhere Laufruhe. Canyon hat eigene Kurbeln entwickelt, die zur Laufradgröße passen und die Lenker-Vorbau-Einheit zum Schutz mit einem Gummipolster überspannt.

Leichte und hochwertige Kinderäder kosten schnell ähnlich viel wie ein Erwachsenenrad. Interessant ist hier das Upcycling-Programm von Woom. Der Industrie-Designer Christian Bezdeka hat eine Serie von fünf Rädern entwickelt, die Kinder vom Laufrad- bis ins Jugendalter fahren können. Beim Kauf eines nächstgrößeren Woom-Bikes und der Rückgabe des alten gibt es 40 Prozent des Kaufpreises zurück.

Elterntaxi oder zur Schule radeln?

Rad fahren und zu Fuß gehen ist gesund. Schüler nehmen ihre Umgebung besser wahr und sind im Unterricht wacher als Kinder, die mit dem Auto gebracht werden. Eltern legen früh die Basis für eine aktive Mobilität ihrer Kinder.

Mit Knirpsen auf Tour

Bei Radreisen mit Kindern ist der Weg das Ziel

44

Mit dem Nachwuchs auf Radreise zu gehen, ist einfacher als viele denken. Grundsätzlich gilt: Je entspannter die Eltern sind, umso bereitwilliger treten die Kinder in die Pedale. Eine gute Planung ist dabei ebenso hilfreich wie mehrere kleine Testläufe vor der ersten großen Fahrt. Denn selbst erfahrene Reiseradler neigen schnell dazu, mehr als üblich einzupacken, wenn sie mit Kindern unterwegs sind. Das rächt sich später auf der Strecke.

Sind die Kinder bereits geübte Radfahrer, sind sie meistens sehr stolz, wenn sie einen kleinen Teil des Gepäcks transportieren dürfen. In spezielle Kindersatteltaschen oder kleine Lowrider-Taschen passt wahlweise ihr Kuscheltier, ein Handtuch oder sogar ein leichter Schlafsack. Diese Verantwortung übernehmen die Kinder gern, und die Eltern haben etwas mehr Platz.

Bei guter Stimmung halten Kinder lange durch. Überraschungen sind stets willkommen.

Die richtige Schlechtwetter-Ausrüstung ist auch für die Kleinsten wichtig.

Wenn die Kleinen noch im Fahrradanhänger unterwegs sind, kennen sie die Art zu reisen wahrscheinlich schon aus ihrem Alltag. Wichtig ist, sie bei Laune zu halten. Neben dem Plausch mit den Eltern sollte stets ein bisschen Unterhaltung in greifbarer Nähe sein. Das sind Spielsachen, ein Kuscheltuch oder das Lieblingsbilderbuch. Manche Kinder schlafen im Anhänger schnell ein. Trotzdem gilt: Damit sie sich nicht langweilen, sind viele kleine Pausen wichtig.

Viele Stopps heben die Stimmung

Außerdem leben Radreisen von Überraschungen. Zwischen den kurzen Etappen mit eingeplanten Stopps sollte man deshalb auch immer wieder spontan an Spielplätzen, Wasserläufen, Wiesen oder der nächsten Eisdiele anhalten. Das hält die Kleinen bei Laune. Die Streckenlänge richtet sich nach dem Alter der Kinder, ihrer Lust und ihrem Können … und sogar nach ihrer Tagesform.

Manchmal sind die Kinder für den Anhänger zu groß, aber für längere Strecken noch zu jung. In dem Fall lohnt sich eine „Follow me"-Anhängerkupplung. Im Stadtverkehr oder auf stark befahrenen Landstraßen fixiert man das Vorderrad des Kindes mit wenigen Handgriffen in der fest installierten Halterung an der Hinterradnabe des Elternrads. Ist kein Kind angedockt, hängt die Follow-me-Kupplung wie eine Ziehharmonika zusammengeklappt am Gepäckträger.

E-Bikes für Kids?

Mithalten beim Familienausflug im Gelände

45

Der E-Bike-Markt boomt. Kein Wunder also, dass 2015 die Firmen Haibike und KTM die ersten motorisierten Mountainbikes für Kinder auf den Markt gebracht haben. Inzwischen haben weitere Hersteller nachgezogen. Aber die kleinen Räder mit Motor kommen nicht überall gut an.

Für manche Familien steigern die Räder den Freizeitspaß. Sie können dank der Motorunterstützung längere, auch interessantere Touren mit ihren Kindern fahren als zuvor. Denn der eingebaute Rückenwind kappt die Belastungsspitzen. Den Kindern geht nicht so schnell die Puste aus, und in größeren Gruppen können sie länger mithalten. Außerdem bewältigen sie auf E-MTBs Steigungen und verblockte Passagen, für die ihnen ohne Motorunterstützung die Kraft fehlen würde. Der Motor ist quasi die Elternhand auf ihrem Rücken, die sie etwas anschiebt. Für knifflige Passagen ist es ein gutes Trainingsgerät. Mit Motorunterstützung können sie sich komplett auf die Fahrtechnik konzentrieren.

Kritiker fürchten jedoch, dass das Fahren mit Motor den Nachwuchs langfristig demotiviert. Wenn Kinder sich zu sehr an die Unterstützung gewöhnen, kann die Lust schwinden, sich überhaupt anzustrengen. Insbesondere, wenn sie bekannte Touren plötzlich wieder ohne Motor zurücklegen sollen und die Strecke für sie dann um ein Vielfaches anstrengender wird.

Motivator oder Spaßbremse? Beim E-Bike für Kids sind die Meinungen konträr.

Ideal fürs Techniktraining: Die Kinder üben schwierige Passagen mit wenig Kraftaufwand.

Sinnvoller Einsatz im Bikepark

Zurzeit sind E-MTBs für Kinder noch ein Nischenprodukt und werden es wahrscheinlich auch noch eine Weile bleiben. Denn sie kosten mit rund 2000 Euro etwa genau so viel wie die Erwachsenenräder. Noch werden sie überwiegend von Privatleuten gekauft. Die Hersteller haben als Zielgruppe künftig aber vor allem Fahrradverleiher oder Bike-park-Betreiber im Visier.

Maximal 20 km/h

Der Antrieb mit Motor und Akku ist für Kinder-MTBs ebenso hochwertig und leistungsstark wie bei den Erwachsenenmodellen. Mit einer einzigen Ausnahme: Die Motoren der Kinderräder stoppen die Unterstützung bereits bei Tempo 20 statt bei 25 km/h.

Unterwegs im In- und Ausland

46 Radfahrer sind lukrative Kunden

Der Bodensee im Sommer, morgens um 11 Uhr. Auf den Wegen in Seenähe tummeln sich die Radfahrer. Eltern rollen neben ihren Kindern entlang und machen Radgruppen Platz zum Überholen. Die Stimmung ist entspannt. Rennradfahrer, die den See zügig umrunden wollen, sind bereits am Ziel oder haben sich auf die Asphaltstraßen verzogen, um Strecke zu machen.

Radurlaub liegt in Deutschland im Trend. Rund 5,2 Millionen Deutsche verbrachten 2016 ihre freien Tage im Sattel, 30 Prozent mehr als noch zwei Jahre zuvor. 62 Prozent waren für ein verlängertes Wochenende unterwegs, 38 Prozent bestritten sogar ihren Haupturlaub mit dem Bike.[15)]

Der Familientrip am Bodensee mit den Allerkleinsten ist ebenso beliebt wie die Flusstour von Hamburg nach Dresden, die Mountainbike-Tour auf der Via Claudia über die Alpen nach Italien oder auch ein Rennradtrip auf Mallorca. Im Frühjahr arbeiten sich die Freizeitsportler dort an jedem Berg der Insel ab.

Paradies für Rennradfahrer

Der Radsport ist dort gut organisiert. Die beiden größten Anbieter sind zwei ehemalige Profis der Szene: der Schweizer Max Hürzeler und der Niederländer Fred Rompelberg. Allein Rompelberg versorgt 500 Radfahrer pro Woche mit einem All-inclusive-Angebot, das Kost und Logis, Leihräder, Trikots und Gruppenfahrten enthält. Neben dem Rundum-Service locken vor allem die guten Straßen die Radfahrer auf die Baleareninsel. 2012 beschlossen die Hoteliers und Reiseveranstalter, die Sicherheit für ihre Radgäste zu verbessern. Sie beleuchteten die Tunnel und flicken seitdem jedes Loch im

Radurlaub ist Trend. Rund 5,2 Millionen Deutsche machten 2016 Urlaub im Sattel.

Entspannung am See – wer will, kann sogar verschiedene All-inclusive-Angebote buchen.

Asphalt zügig. Das ist spürbar. Selbst die Nebenstraßen, die von Steinmauern und Orangenbäumen gesäumt sind, präsentieren sich in einem erstaunlich guten Zustand.

Nachholbedarf für Gesamtnetz

Gute Wege und vor allem die Radfernwege haben auch Deutschland zum Radreiseland Nummer eins gemacht. Regionen wie die Mecklenburgische Seenplatte profitieren vom Radtourismus ebenso wie die Hoteliers und Gastgeber entlang des Elberadwegs von Berlin nach Kopenhagen. Aber noch schwankt die Qualität der Routen, und es fehlt ein bundesweites Netz an fahrradgerechten Routen mit einheitlicher Beschilderung. Das ist nicht nachvollziehbar. Denn Radreisetourismus ist lukrativ. Radfahrer verdienen gut – bereits vor zehn Jahren gaben sie rund 65 Euro pro Tag und Person aus. Jetzt sind die Kommunen gefragt. Nur sie können die Lücken im Radwegenetz schließen.

„Beim Radfahren lernt man ein Land am besten kennen, weil man dessen Hügel emporschwitzt und sie dann wieder hinuntersaust."

Ernest Hemingway

Die kleine Auszeit

Bikepacking – Minimalisten unterwegs

47

Einen Tag schwitzend und schlafend in der Sauna zu verbummeln, ist für einige Menschen die perfekte Auszeit vom Alltag. Andere schwitzen lieber im Sattel. Sie treten in die Pedale, bis es dämmert, und rollen dann ihren Schlafsack im dichten Wald in einem Wetterhäuschen aus. Was wild klingt, gehört zum Konzept der sogenannten „Bikepacker". Bikepacker sind Minimalisten. Was sie brauchen, bringen sie in ein paar leichten Taschen unter, die sie mit Klettverschlüssen und Schnallen direkt am Rahmen oder der Sattelstütze befestigen. Die kleinsten Taschen wiegen kaum mehr als eine Packung Taschentücher. Das spart Gewicht, und die verbleibende Last ist optimal am Rad verteilt. Das ist wichtig, denn so bleibt das Rad auch im bepackten Zustand agil und wendig. Ihre Habseligkeiten reduzieren die Fahrer auf das Nötigste: Die abgesägte Zahnbürste ist ein ebensolches Muss wie das Feuerzeug für abendliche Lagerfeuer. Bikepacking ist unkompliziert. Wen der reduzierte Freizeitspaß erst einmal gepackt hat, der gönnt sich die kleine Auszeit vom Alltag auch mal unter der Woche. Nach Feierabend kurbeln die Fahrer los und fahren, bis es dunkel wird. Am nächsten Morgen stehen sie in der Dämmerung auf, um pünktlich auf der Arbeit zu erscheinen – mit müden Gliedern, aber wach im Kopf. Das Schöne an diesem Miniurlaub ist, dass man ihn jeden Tag erleben kann. Man muss dafür nicht einmal frei nehmen.

Unterwegs mit leichtem Gepäck – Bikepacker haben dennoch alles Wichtige dabei.

Lesetipp

In seinem Blog „Overnighter" (https://overnighter.de) erzählt der Fahrradjournalist Gunnar Fehlau von seinen kurzen und längeren Trips mit wenig Gepäck. Allerdings ist das Stöbern in seinen Beiträgen nicht ganz ungefährlich. Seine Erzählungen sind verführerisch. Sie machen Lust aufs Rad fahren, auf Natur und Lagerfeuer – sogar bei Eis und Schnee.

Schutzbrief für Radfahrer

48

Beim Platten kommt der Abschleppdienst

Ein Abschleppdienst für Fahrräder, davon haben Berufspendler und Reiseradler lange geträumt. Vor einigen Jahren hat der ADFC das umgesetzt, was für Autofahrer seit Jahrzehnten Usus ist: den Schutzbrief inklusive Pannendienst für Radfahrer. Wer mit seinem Rad liegen bleibt, wird im Notfall sogar abgeschleppt. In der Stadt ist der Service über weite Strecken überflüssig. Dort besteht fast immer die Möglichkeit, bei einer Panne in die U- oder S-Bahn zu steigen. Ganz anders dagegen sieht das bei den Pendlern aus, die aus den Vororten frühmorgens in die Stadt zur Arbeit fahren. Sie legen häufig Strecken mit zehn und mehr Kilometern über landschaftlich schöne, aber abgelegene Routen zurück. Deshalb ist der Schutzbrief ein echter Gewinn.

24-Stunden-Hotline für Radfahrer

Der Radfahrer ruft eine Notfallnummer an und wird in einem überschaubaren Zeitraum von einem Taxi mit Fahrradgepäckträger oder einem klassischen Abschleppwagen abgeholt. Im Bedarfsfall steht über die 24-Stunden-Hotline europaweit Hilfe zur Verfügung. Das kann die mobile Pannenhilfe oder ein Abschleppdienst sein. Die Hotline gibt außerdem Infos zu Werkstätten und Leihrädern in der Umgebung. Das Angebot gilt für Alltagsfahrten wie für die Urlaubsreise und für jeden Fahrradtyp. Inzwischen ziehen Autoclubs wie der ACE nach und bieten ebenfalls einen Fahrradschutzbrief an.

Gelber Engel für Radler: Der ADFC bietet einen Schutzbrief inklusive Pannendienst an.

Bikefitting

49

Rad nach Maß fürs schmerzfreie Fahren

Als die Sportlerin beschloss, ihre Laufschuhe gegen den Fahrradsattel zu tauschen, gönnte sie sich ein neues Fitnessrad für den Weg zur Arbeit. Mehrmals pro Woche fuhr sie nun mit ihm zehn Kilometer zum Job und abends wieder heim. Nach ein paar Monaten hatte sie Knieschmerzen. Sie ging zum Arzt, der sie zum Bikefitting schickte, einem biometrischen Check mit dem neuen Rad. Das Ergebnis war niederschmetternd: Ihr neues Velo war zu groß. Ihre Beschwerden waren die Folge einer falschen Körperhaltung.

Eine gute Beratung im Fachgeschäft und ein Bikefitting vor dem Kauf verhindern derlei Fehlkäufe. Das Augenmaß des Verkäufers reicht dabei nicht aus. Profis kontrollieren alle wichtigen Kontaktpunkte, wenn der Fahrer auf dem Rad sitzt, mit Winkel, Lot und Lineal. Sie überprüfen Sattelhöhe, Fußpositionen sowie Kniewinkel, Kurbellänge und die Position zum Tretlager. Für die verschiedenen Sitzpositionen vom Rennrad bis zum Hollandrad gibt es genaue ergonomische Vorgaben. Kurze Probefahrten im Laden sind hingegen nicht aussagekräftig.

Richtig sitzen. Profis nutzen fürs Bikefitting Winkel, Lot und Lineal.

Sattelfest

50

Geht doch: bequem Sitzen auf jeder Tour

Ob sportlicher Rennradfahrer oder gemütlicher Wochenendradler: Ein schmerzendes Hinterteil kennen fast alle Fahrer. Das muss aber nicht sein. Der passende Sattel behebt das Problem.

60 Prozent des Körpergewichts ruhen während der Fahrt auf dem Po, den Rest federn die Hände und Beine ab. Deshalb ist der richtige Sattel wichtig. Grundsätzlich gilt: Je sportlicher das Rad ist, umso schmaler darf der Sattel sein. Ein weicher, breiter Sattel wirkt zwar gemütlich, aber er beginnt nach 15 bis 30 Minuten Fahrzeit zu drücken. Es ist ähnlich wie mit Autositzen: Auf langen Strecken sind straffe Polster bequemer.

Sitzprobe auf Wellpappe

Entscheidend ist, dass beim Radfahren die Sitzbeinhöcker gestützt werden. Sinken sie tief ein, steigt die punktuelle Druckbelastung und der Schmerz beginnt. Für die richtige Sattelgröße muss man den Abstand der Sitzbeinhöcker kennen. Im gut sortierten Fachhandel wird er routinemäßig vermessen. Das ist denkbar einfach. Entweder ist ein Hocker mit Wellpappe bestückt oder mit Folie, die mit Sensoren versehen ist. In beiden Fällen setzt sich der Kunde. Anschließend ist der Abstand der Sitzknochen durch die beiden Vertiefungen im Material messbar.

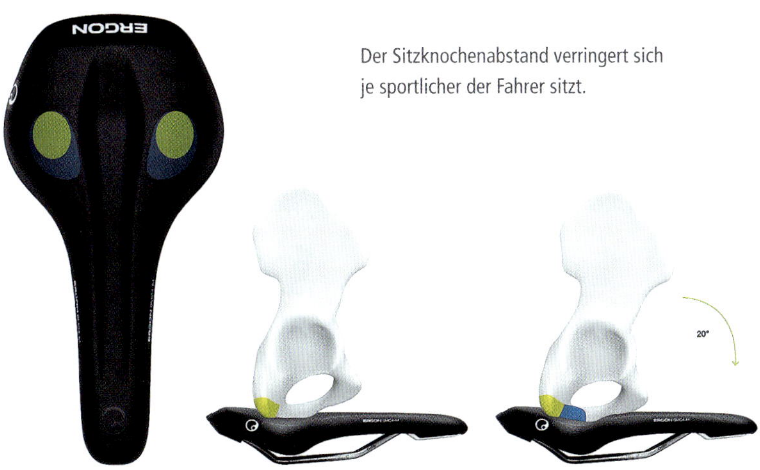

Der Sitzknochenabstand verringert sich je sportlicher der Fahrer sitzt.

Passt zum Fahrer wie der Lieblingsschuh

Wenn man weiß, welche Sattelgröße man braucht, stellt sich die Frage nach einem Sattel mit oder ohne Aussparung. Die Aussparung wirkt vielleicht unbequem, aber das Gegenteil ist der Fall. Mit der Vertiefung im Sattel wird der empfindliche Schambereich entlastet und der Druck nimmt von dort in Richtung Sitzknochen langsam zu. Die Öffnung hat aber noch eine weitere Funktion. Sie macht den Sattel flexibel. Er bewegt sich bei jedem Tritt, passt sich der Bewegung an und entlastet kurzzeitig die inaktive Seite.

Sättel von Terry und Selle Italia folgen diesem Prinzip. Sie sind relativ schlank beziehungsweise tailliert, damit der Fahrer mehr Kraft aufs Pedal bringt. Die Form stützt das Becken, das Halt braucht beim Treten. Die Sattelnase soll das Bein führen, aber nicht behindern. Aber auch hier gilt: ausprobieren! Denn nicht jeder Sattel passt zu jedem Fahrer.

Einige Fahrer schwören auf Ledersättel, die sich nach längerer Fahrzeit perfekt der Anatomie des Fahrers anpassen. Bis es so weit ist, muss man allerdings 1000 Kilometer durchhalten.

Hilfreich ist es, den neuen Sattel Probe zu fahren. Markensättel kann man problemlos zurückgeben, manche bis zu 30 Tage nach dem Kauf. Denn: Ein Sattel muss zum Fahrer passen wie sein Lieblingsschuh. Schuhe kaufen ist aber meist leichter als ein Sattelkauf, da die Kunden hier genau wissen, wie sich potenzielle Lieblingsschuhe anfühlen müssen.

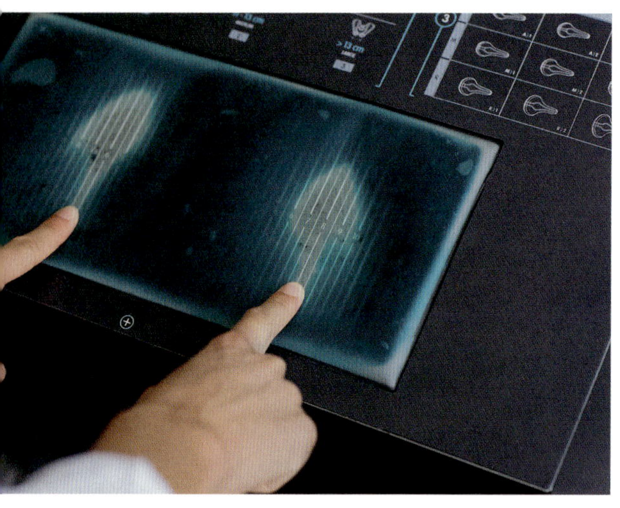

Im Fachhandel wird der Abstand der Sitzknochen routinemäßig beim Sattelkauf gemessen.

Trittsicher

51

Ursachen für taube oder schmerzende Füße

Laufen ist eine komplexe Angelegenheit. Der Fuß besteht aus 28 Knochen, 20 Muskeln und über 114 Sehnen sowie Bändern, die ihn halten und bewegen. Zudem durchzieht ihn ein feines Geflecht aus Nerven- und Blutgefäßen. Während er beim Laufen wie eine Feder jeden Aufprall dämpft, muss er auf dem Rad einen konstanten Druck aushalten. Das Fußgewölbe wird nicht komplett genutzt, sondern nur ein vergleichsweise kleiner Part des Vorfußes. Ist die Position schlecht gewählt, sind Probleme vorprogrammiert.

Fußstellung

Die richtige Stellung des Vorfußes befindet sich über der Pedalachse. Das Fußgelenk hat ausreichend Bewegungsfreiheit und kann die typischen Ausweichbewegungen des Knies beim Treten zulassen. Eine feste Verbindung zwischen Schuh und Pedal hält den Fuß in der richtigen Position. Das ist effizient, kraftsparend und verhindert Fehlstellungen. Deshalb lohnen sich Klickpedale für Langstreckenfahrer. Kribbeln die Füße oder werden sie taub, sollte die Position der Cleats überprüft werden. Manchmal reicht es bereits, den Druckpunkt um wenige Millimeter zu verschieben, um die Schmerzen zu beheben.

Neben den Pedalen spielen aber auch die Radschuhe eine Rolle. Der andauernde Druck beim Treten kann den Vorfuß überlasten. Ist das der Fall, sinkt das Quergewölbe ein. Dabei können Nerven eingeklemmt werden und die Füße schmerzen. Abhilfe schaffen Schuhe, die im Vorfuß schmal geschnitten sind und das Absinken des Quergewölbes verhindern. Spezielle Einlagen können das Quergewölbe zusätzlich stützen. Wer die feste Verbindung mit dem Rad per Klickies scheut, hat inzwischen die Wahl zwischen verschiedenen ergonomischen Plattformpedalen.

Übrigens: Physiotherapeuten raten Radfahrern zur Stärkung ihrer Fußmuskulatur durch Barfußlaufen auf unebenem Untergrund.

Problemlos pedalieren: Die richtige Position des Vorfuß ist über der Pedalachse.

Alles im Griff

52

Richtige Handposition für die perfekte Kontrolle

Die Griffe sind die direkte und haptische Verbindung zum Fahrrad. Sie übertragen die Lenk- und Gewichtskräfte und spiegeln dem Fahrer unmittelbar über den Griff den Untergrund wider. Je länger die Tour dauert und je abenteuerlicher der Trail ist, umso wichtiger ist ein komfortabler Kontakt.

Taube oder brennende Finger, schmerzende Hände oder gar steife Handgelenke können gefährlich werden. Im schlimmsten Fall verlängern sie die Reaktionszeit oder reduzieren die Handkraft. Mindestens ebenso folgenschwer ist: Sie reduzieren den Fahrspaß.

Die Voraussetzung für beschwerdefreies Radfahren ist deshalb die richtige Arm- und Handhaltung. Sind die Hände am Lenker, bilden die Gelenke mit den Armen eine Gerade. Die Ellenbogen weisen leicht nach außen, denn die Arme sind die natürliche Federgabel der Fahrer. Knicken die Handgelenke während der Fahrt ein, können Nerven eingeklemmt oder gedrückt werden.

Flügelgriffe (ergonomische Griffe) vergrößern die Auflagefläche der Hand und halten sie in der richtigen Position. Zudem wird der Druck auf eine größere Fläche verteilt, was den Ulnarnerv entlastet, der die Schmerzen auslöst. Eine weitere Alternative sind Griffe mit integrierten Barends, um die Handhaltung zwischendurch zu wechseln.

Bei runden Griffen lohnt es sich, neue Modelle auszuprobieren, also anzufassen. Der Kunststoff und das Lederband haben verschiedene Stärken und Oberflächen mit unterschiedlichen Eigenschaften. Während der eine Griff fast an den Händen klebt, hat der andere so gut wie keinen Grip. Dazwischen gibt es alles für jeden Geschmack. Und auch hier ist die richtige Größe entscheidend. Schmale Griffe sind für große Hände unbequem und umgekehrt.

Nervreizung in der Hand

Im Kleinfingerballen verläuft der Nervus ulnaris unterhalb der Hautoberfläche. Diese Lage macht ihn empfindlich gegenüber Druckbelastungen. ^Seine Belastung führt zu Taubheitsgefühlen im kleinen Finger und Ringfinger. Für Schmerzen im Daumen, Mittel- oder Zeigefinger ist der Medianusnerv verantwortlich, der durch die Mitte der Handinnenfläche verläuft.

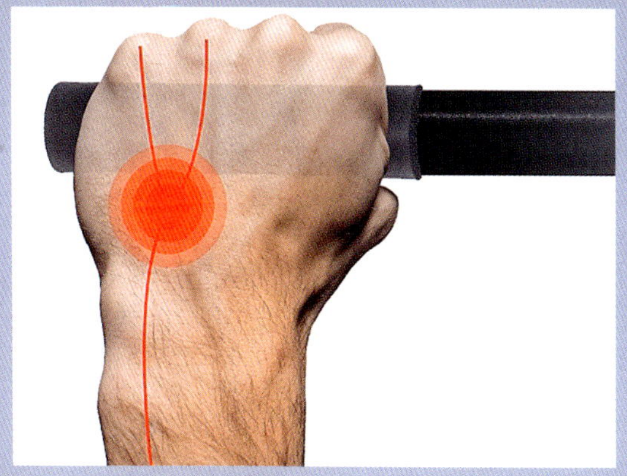

Punktuelle Druckbelastung klemmt den Ulnarnerv ab. Die Folge: taube Finger.

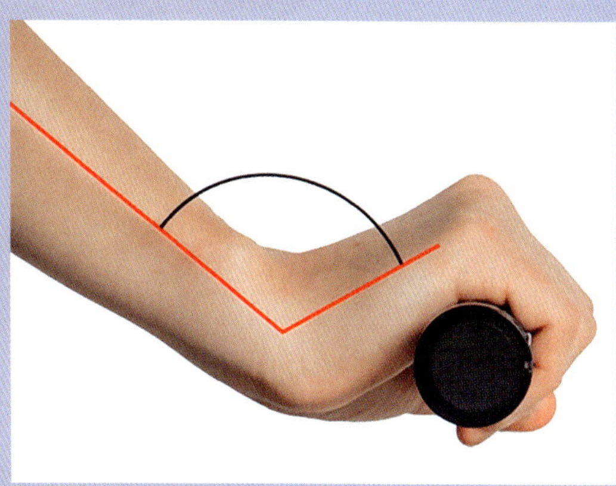

Auf längeren Fahrten ermüden die Hände, knicken ab, werden taub und schmerzen.

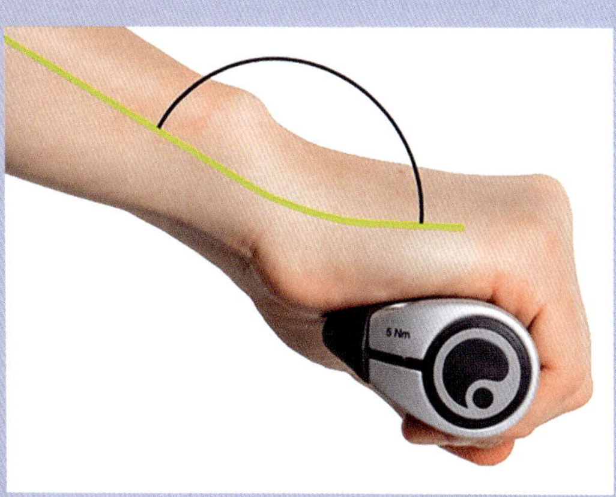

Die Flügelkonstruktion hält Hand und Gelenk in der optimalen ergonomischen Position.

Bike-Sharing

53 Asiatische Start-ups verändern den Markt

Bike-Sharing war lange Zeit in Deutschland eine überschaubare Angelegenheit. Die Deutsche Bahn und Nextbike haben als große Anbieter den Markt in den Großstädten unter sich aufgeteilt. Kleinere Städte und Kommunen mussten hingegen verzichten, weil ein Leihradsystem für sie zu teuer war. Das könnte sich nun ändern. Denn asiatische Start-ups wollen mit ihren Leihrädern auf den deutschen Markt.

Mieträder ergänzen den ÖPNV

Bike-Sharing ist wichtig für Städte. Sind die Leihräder richtig in der Stadt positioniert und in ausreichender Zahl verfügbar, ergänzen sie den ÖPNV und ersetzen den Autoverkehr. Für Verkehrsforscher sind sie

Einfache Ausstattung: Das asiatische Leihrad hat nur einen Gang und Vollgummireifen.

Feste Stationen sind die Ausnahme in Asien. Virtuelle Stationen sind in Planung.

ein wichtiger Bestandteil der Verkehrswende. Ihre Ausleihe ist mit dem Smartphone denkbar einfach: App öffnen – Rad buchen – nach der Tour an einer der Leihstationen oder einem beliebigen Ort abstellen. Für Stadtbewohner ist das attraktiv. Sie zahlen einen geringen Jahresbeitrag und im Anschluss sind, je nach Anbieter, die ersten 30 Fahrminuten frei.

Parken im Park und am Straßenrand

Viele Städte und Kommunen förderten und fördern Bike-Sharing. Das ist notwendig, denn das System ist nicht lukrativ, sondern ein Zuschussgeschäft. Für die Finanzspritze schneidern die Anbieter den Städten ein Mietradsystem, das perfekt passt. In dieses Geschäftsmodell drängen aktuell Leihräder aus Fernost. 2017 stellten die ersten Anbieter ihre Flotten in München und Berlin am Wegesrand ab. Das geht, denn in Deutschland benötigen nur die Betreiber fester Bike-Sharing-Stationen eine Sondergenehmigung der Stadt. Für die sogenannten Freefloating-Räder, also Räder ohne feste Station, ist keine Genehmigung vonnöten. Deshalb können die Verkehrsbehörden die Entwicklung zurzeit auch nur beobachten.

Nextbike ist einer der großen Sharing-Anbieter in Deutschland.

Invasion von Mietfahrrädern in China

Allerdings sind sie misstrauisch, denn die Bilder von zu Schrotthaufen gestapelten Mieträdern in Beijing und Shanghai gingen um die Welt. Nachdem in chinesischen Städten jahrzehntelang der Anteil der Radfahrer sank, hatten asiatische Bike-Sharing-Start-ups namens Ofo, Mobike oder Bluegogo 2016 eine Offensive gestartet. Sie verteilten Hunderttausende Leihräder an zentralen Stellen in beiden Millionenstädten.

Auch deren Ausleihe funktioniert per App, ist aber kostenlos oder mit sieben bis 13 Cent pro Stunde lächerlich günstig. Wo der Fahrer das Rad später abstellt, entscheidet er selbst.

Das System kam gut an. Mehr als 100 Millionen Chinesen luden die Apps herunter und legten damit Milliarden von Fahrten zurück. Die Kehrseite des Erfolgs wurde aber für jeden sichtbar: Viele Räder wurden gestohlen, zerstört oder kaputt weggeworfen. Die bunten Bikes stapelten sich in den Gräben oder Hinterhöfen, blockierten Fußwege oder häuften sich vor U-Bahn-Stationen.

Millionen radeln in Asien

Jetzt soll nachgebessert werden. Beijing überlegt beispielsweise, sogenannte „elektronische Zäune“ einzurichten, also klar definierte Abstellorte festzulegen, die dem Fahrer anzeigen, wo er das Rad abstellen muss. Und auch die Start-up-Unternehmen haben angekündigt, dass sie künftig mit den Stadtoberen absprechen wollen, wo und wie viele Räder sie auf die Straße bringen.

Doch trotz der Anfangsschlappe ist der Erfolg der Start-ups immens. Denn sie haben etwas geschafft, woran sich Verkehrsforscher in ganz Europa immer wieder die Zähne ausbeißen: Sie haben das Mobilitätsverhalten der Menschen verändert. Sie haben Millionen von Menschen in Asien innerhalb weniger Monate aufs Rad gebracht.

54

Leih dir dein Lieblingsrad

Online-Fahrradvermietung für jedermann

In jeder Stadt das Rad fahren, das man gerade braucht oder das einem am besten gefällt? Diese Idee hat Felix Möller mit seinem Online-Marktplatz Upperbike vor Jahren umgesetzt. Inzwischen bietet er über diese Plattform Fahrräder von privaten und gewerblichen Anbietern an.

Die Idee hat Charme. Denn es ist reizvoll, wenn Stadtbesucher ein Kinderrad für ihren Nachwuchs oder ein Rennrad für eine Ausfahrt mit Freunden ausleihen können. Außerdem gibt es bei Upperbike Exoten wie Liegeräder oder Tandems, die im herkömmlichen Fahrradverleih eher selten sind.

Beim Auto ist diese Idee längst gängige Praxis. Selbstverständlich hat eine Autovermietung Sportwagen, Familienkutschen und Geländewagen im Angebot. Beim Fahrradverleih lohnt sich diese Vielfalt für den Händler oft nicht, beim Bike-Sharing im großen Stil schon gar nicht.

Upperbike ist in etwa das Airbnb für die Fahrradszene und hat inzwischen Nachahmer wie ListnRide. Das Start-up bietet in Berlin, München, Amsterdam und Wien Räder von Händlern und Privatleuten an. Auffällig ist, dass die Kunden der privaten Anbieter ihre Räder meist tage- oder wochenweise mieten. Klassische Bike-Sharing-Nutzer mieten sie nur für den Kurztrip durch die Stadt.

Fahrradverleih von Fremden: Garantiert mehr Spaß mit dem Lieblingsrad.

Lastenradtest für Privatpersonen

55

Freie Cargobikes, eine Idee macht Schule

„Für lau", sagen die Kölner, wenn sie so viel meinen wie „umsonst" oder „für wenig Geld". Und nach diesem Prinzip funktioniert auch das freie Lastenrad Kasimir in Köln. Man darf es für ein paar Tage oder Stunden umsonst ausleihen, muss es aber zuvor online reservieren. Mit dieser Idee hat eine Gruppe von Kölnern 2013 eine Lawine losgetreten. Seitdem wächst die Zahl der freien Lastenräder langsam, aber stetig bundesweit an. In rund drei Dutzend Städten imitieren Initiativen inzwischen das erfolgreiche Konzept aus Köln.

Dort hat eine Gruppe von Freunden Kasimir mithilfe von Sponsorengeldern angeschafft. Sie wollte möglichst vielen Stadtbewohnern zu Testzwecken eine Alternative zum motorisierten Autoverkehr anbieten. Seitdem kann Kasimir kostenlos ausgeliehen werden. Alle zwei bis drei Wochen wechselt er seinen Standort. Mal steht er vor einem Geschäft, mal vor Cafés oder auch bei Privatpersonen. Wer ihn beherbergt, organi-

Das Potenzial von Lastenrädern im Alltag ist groß. Der Bund fördert das Projekt Tink.

Oft ausgebucht ist das freie Lastenrad Manni, ein Dreirad aus Berlin.

siert ehrenamtlich den Verleih. Die Kölner haben den Trend gesetzt, und immer mehr private Initiativen und Verbände eifern ihnen erfolgreich nach. Mit ihren Lastenrädern erledigen Familien ihren Wocheneinkauf, Großeltern radeln mit ihren Enkeln ins Grüne, und Studenten bewältigen damit sogar ihren Umzug. Für viele Städter ist das Cargobike durchaus ein adäquater Autoersatz. Und wie beim Auto gilt auch hier im Stadtzentrum: teilen ist sinnvoller als besitzen.

Größtes Cargobike-Sharing-Projekt Privatleute: Tink

Das Bundesverkehrsministerium interessiert diese Entwicklung. Es fördert mit „Tink" das größte Cargobike-Sharing-Projekt in Deutschland. Insgesamt sind 48 ein- und mehrspurige Lastenräder in Konstanz und Norderstedt im Einsatz. Allerdings schwankt die Nachfrage in diesem Projekt erstaunlich stark. Während in Konstanz 3520 Nutzer die Räder 35.514 Stunden ausgeliehen hatten, waren es in Norderstedt nur 238 Nutzer mit 3602 Stunden. Bei Tink sind allerdings nur die ersten 30 Minuten kostenfrei.

Schneller, weiter, überholt

56

24-Jährige gewinnt Rekordjagd nach 365 Tagen

Die Geschichte des Radsports ist in der Regel eine Geschichte von männlichen Helden, die Rekorde nach Geschwindigkeit, Zeit und Entfernung aufstellen. Tommy Godwin fuhr 1939 an 365 Tagen auf einem Viergang-Fahrrad 75.065 Meilen (120.805 Kilometer) durch England. 76 Jahre konnte niemand diesen Rekord brechen … bis 2016 Kurt Searvogel kam und 2017 die 24-jährige Amanda Coker. Der Wrestler und Triathlet Searvogel hatte bereits mehrere verrückte Langstreckenrennen gewonnen, bis er Godwins Rekord mit 76.076 Meilen übertraf. Aber sein Sieg war nur von kurzer Dauer. Bereits vier Monate später pulverisierte Amanda Coker seinen Erfolg. Ihr Tacho zeigte nach 365 Tagen 86.573 Meilen an, das sind 139,326 Kilometer. Das Pikante an ihrem Sieg: Sie traf Searvogel während einer Radtour. Und er ermutigte sie, einen Frauenrekord zu versuchen.

Erfolgreicher Sportler gegen Unfallopfer

Unterschiedlicher als Coker und Searvogel sind Kontrahenten selten. Searvogel war sein Leben lang ehrgeizig und als Unternehmer und Langstreckenfahrer vom Erfolg verwöhnt. Amanda Coker hingegen erholte sich gerade von einem schlimmen Radunfall, als sie den Amerikaner beim Radfahren traf. Ein Autofahrer hatte sie und ihren Vater auf einer Rennradtour angefahren. Die Folgen waren verheerend. Beim Aufprall

Amanda Coker ist nach ihrem Rekord weitergefahren, bis ihr Tacho 100.000 Meilen anzeigte.

Nur kurzzeitig die Nummer 1. Kurt Searvogel gratulierte Amanda Coker zu ihrem Erfolg.

brach sich die Studentin beide Beine sowie Rückenwirbel, außerdem hatte sie eine schlimme Hirnverletzung. Vor ihrem Unfall war sie gerne und erfolgreich Rennrad gefahren. Auf geschützten Straßen versuchte sie nun abseits des Autoverkehrs, an ihr früheres Leben anzuknüpfen.

Kurze Zeit nach ihrer Begegnung mit Searvogel meldete sie sich bei der Ultra Marathon Cycling Association (UMCA) an und startete im Mai 2016 ihren Rekordversuch. Anders als Searvogel, der in Amerika dem guten Wetter hinterherreiste, fuhr sie stets auf derselben sieben Meilen langen Schleife im Flatwoods Park in Tampa, Florida … jeden Tag, oft mehr als zwölf Stunden. Kurt Searvogel nahm ihren Sieg sportlich und gratulierte ihr über Facebook. Nach ihrem Rekord radelte Coker noch 58 Tage weiter. Dann hatte sie 100.000 Meilen (160.934 Kilometer) auf dem Tacho. Es war der zweite Rekord von Tommy Godwin, den er 77 Jahre gehalten hatte und den die 24-Jährige nun brach, nach 423 Tagen ununterbrochenen Radfahrens.

Ultra-Marathon-Rennen

Die englische Radsportzeitschrift „Cycling Weekly" hatte 1911 erstmals das Langstreckenrennen ausgeschrieben. Acht Männer hatten Rekorde aufgestellt, bis Tommy Godwin kam, dessen Rekord 76 Jahre lang von niemandem übertroffen werden konnte. Es gab einige Versuche, aber Zweifel an den Angaben des vermeintlichen Siegers. Deshalb wurde das Rennen ausgesetzt, bis die Ultra Marathon Cycling Association es wiederbelebte.

Race across America

In sieben Tagen vom Pazifik zum Atlantik

57

Das Race Across America (RAA) gilt als härtestes Radrennen der Welt. In zwölf Tagen müssen die Solofahrer die 4800 Kilometer lange Strecke aus eigener Kraft bewältigen, sonst werden sie disqualifiziert. Das Problem bei dem Rennen ist der Schlafmangel. Die Teilnehmer gönnen sich während des kompletten Rennens meist nur acht bis zehn Stunden Schlaf.

Die Fahrer starten am Pazifik, an der Westküste der Vereinigten Staaten. Die schnellsten von ihnen kommen sieben Tage später am Atlantik an. Dazwischen liegen die Wüste, die Rocky Mountains, die Wälder der Appalachen, Kälte, Hitze und jede Menge Asphalt. Ohne eine gut eingespielte Betreuer-Crew ist die 4800 Kilometer lange Strecke für die Fahrer nicht zu schaffen. Sie werden permanent von ihrem Teamwagen begleitet, und die Crew versorgt sie mit püriertem Essen, Energieriegeln, Getränken und Kleidung. Sie massieren die Fahrer, laufen nachts neben den Rädern her und sorgen für ihre Sicherheit. Das ist entscheidend, denn das Rennen findet während des normalen Alltagsverkehrs statt.

Schmerzen und Schlafmangel

Die lange Distanz verleiht dem Nonstop-Rennen einen „Roadmovie"-Charakter. Die Dramen sind durch den Schlafmangel vorprogrammiert. Jedes Jahr erreicht nur die Hälfte der Starter das Ziel. Auf der langen

Anders als andere Fahrer setzte Michael Nehls auf lange Schlafpausen – mit Erfolg.

Die Fahrer durchqueren die Wüste und die Rocky Mountains auf dem Weg zum Atlantik.

Liste der sogenannten DNF-Gründe (did not finish) am RAAM steht auch der „Shermer's neck". Das ist eine schmerzhafte Erkrankung, die viele Ultraradfahrer trifft, wenn sie mehr als 22 Stunden am Tag über ihre Fahrräder gebeugt verbringen. Die Nackenmuskulatur kann den Kopf dann nicht mehr halten. Neben den Schmerzen hat der Starter mit der eingeschränkten Sicht zu kämpfen. Das führt zu ebenso absurden wie gefährlichen Situationen. Die Crew von Leah Goldstein hat der 42-jährigen Fahrerin ein Band in den Haarzopf geflochten und es an ihren BH oder Herzfrequenzmonitor gebunden. So konnte sie den Kopf nach hinten ziehen und fixieren. Andere Teams bringen extra gepolsterte Nackenstützen mit oder reichen den Fahrern Prisma-Brillen, damit sie trotz gesenkten Kopfes die Straße sehen können.

Es geht auch anders

Eine komplett andere Strategie verfolgte der Deutsche Molekulargenetiker Michael Nehls 2008, als er zum ersten Mal beim RAA startete. Statt auf Schlaf zu verzichten, wollte der Wissenschaftler nur 15 Stunden am Tag fahren und die restliche Zeit für Erholungspausen nutzen. Sein Plan ging auf. Ausgeruht konnte er über das komplette Rennen ein hohes Tempo halten und überholte nach seinen Schlafpausen die Konkurrenten, die jeden Tag müder und langsamer wurden. Nehls erreichte das Ziel nach knapp elf Tagen relativ erholt. Er wurde Siebter. Mit seiner Methode hat der Mediziner das RAA entmystifiziert. Nehls schrieb ein sehr lesenswertes Buch über das Rennen und seine Strategie. Mithilfe seiner Methode beendeten auch einige Nachahmer das Rennen erfolgreich.

Paris–Brest–Paris

58

Der älteste Radmarathon der Welt

Paris–Brest–Paris ist ein Radmarathon der Superlative und älter als die Tour de France. 1891 veranstaltete *Le Petit Journal* das Radrennen über 1230 Kilometer erstmals für Profis. Inzwischen ist es eines der beliebtesten Jedermann-Rennen für Langdistanz-Freaks. Nirgendwo sonst trifft das Motto „der Weg ist das Ziel" für Radfahrer so sehr zu wie bei Paris–Brest–Paris.

Bereits auf der ersten Etappe durch die gelben Stoppelfelder der Normandie zeigt sich der besondere Geist dieses Brevets. Hier stehen die Menschen am Wegesrand und applaudieren den Fahrern. Das war beim ersten Brevet 1891 so und ist heute immer noch Usus. Tatsächlich feuern die Menschen auf der ganzen Strecke die Fahrer an – mehr noch: Sie versorgen sie mit Essen, Trinken und Schlafplätzen.

Ein Rennen der besonderen Art

Das hat Tradition. Viele der Helfer sind ehemalige Teilnehmer. Jetzt verteilen sie mit ihrer Familie kostenlos Crêpes und Kaffee auf der Straße oder kochen in Turnhallen riesige Portionen Nudeln für die Teilnehmer. Sie wissen genau: In ein paar Jahren werden die heutigen Fahrer an ihrer Stelle die Radfahrer unterstützen. Davon lebt das Rennen, denn ohne die ehrenamtlichen Helfer würde es PBP nicht geben. Nach 90 Stunden müssen die Fahrer in Paris ankommen. Auf der Straße haben sie viel Zeit. Manche Teilnehmer fahren als Gruppe, andere bewusst allein. In der ersten Nacht schlafen die wenigsten Radfahrer. Sie holen sich eilig ihren

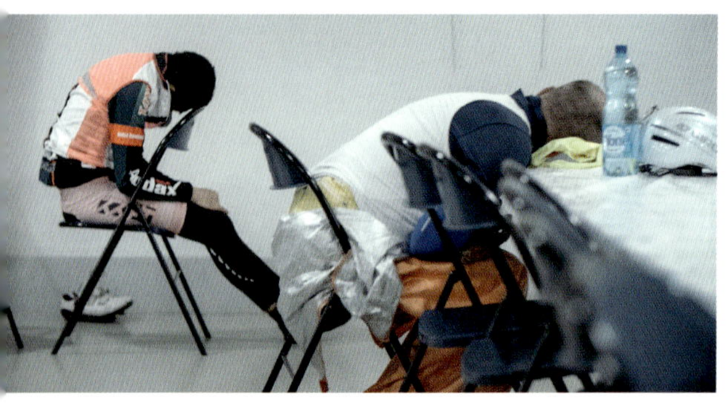

Powernap: Nach zehn- bis 20-minütiger Schlafpause fahren die ersten Fahrer weiter.

Einige der Teilnehmer werden in ein paar Jahren nachts für die Fahrer Nudeln kochen.

Stempel an den Kontrollpunkten, essen etwas, legen für zehn Minuten den Kopf auf den Tisch und fahren weiter. In der zweiten Nacht wird die Unterstützung immer wichtiger. Fahrer, die ohne Schlaf durchkommen wollen, erreichen ihre Grenzen. Das geht nicht immer gut. Manche werden wach, bevor sie in den Straßengraben fahren, andere werden erst im Graben wieder wach. Manche legen sich eine oder fünf Stunden auf die Liegen in den Turnhallen, andere wickeln sich in ihre Rettungsweste und schlafen direkt am Straßenrand.

Es gibt viele unterschiedliche Wege, Paris–Brest–Paris zu fahren. Nicht jeder schafft die Strapazen, einige geben auf. Aber alle Radfahrer helfen einander. Dieser Austausch und diese Erfahrung mit sich allein oder mit anderen macht Paris–Brest–Paris zu einem besonderen Erlebnis. Ob man als Team oder Einzelfahrer unterwegs ist, macht keinen Unterschied. Die sehr sehenswerte Dokumentation „Brevet" von *Curly Pictures* zeigt die Realität des Radmarathons mit seinen Helfern und Teilnehmern.

Brevet

Ein Brevet (eine Prüfung) ist im Radsport eine Langstreckenfahrt, bei der eine vorgegebene Strecke innerhalb eines bestimmten Zeitraums zu fahren ist. Geschwindigkeit, Pausen und Schlafpausen legt jeder selbst fest. Wer starten will, muss zuvor beweisen, dass er es lange im Sattel aushält. Dazu muss er im Jahr von Paris–Brest–Paris an vier Rennen mit 200, 300, 400 und 600 Kilometern Länge erfolgreich mitgefahren sein.

Mit Wolltrikot und Lederhaube

L'Eroica – ein Fest für Vintage-Fans

59

Das Radrennen in Gaiole im Chianti ist legendär. Tausende von Fahrradliebhabern pilgern jedes Jahr zur L'Eroica in die Toskana. Wer hier mitfährt, verneigt sich vor dem Radsport alter Schule und ackert sich mit Stil, guter Laune und gutem Essen über die Schotterpisten der Region: die „Strade Bianche".

Diese Pisten sind einer der Gründe, warum es diese Ausfahrt überhaupt gibt. Ende der 1990er-Jahre sorgten sich die Menschen der Region um ebendiese Straßen. Denn die für das Chianti so typischen hellen Schotterpisten wurden immer öfter geteert. Diese Entwicklung wollten die Bewohner stoppen. Statt mit Plakaten zu hantieren, machten sie aus ihrem Protest ein Revival-Radrennen. Sie polierten ihre betagten Rennräder, streiften sich alte Wolltrikots über, legten sich Ersatzschläuche um die Schulter und pedalierten los. Seitdem strömen jedes Jahr mehr Fahrradverrückte in den kleinen Ort Gaiole, das Herz der L'Eroica. Bereits einen Tag vor dem Start bevölkern die Teilnehmer die Straßen. Drahtige Großväter in wollenen Radtrikots fahren im Pulk durch die Stadt, Frauen posieren fein frisiert in bodenlangen Röcken vor ihren Rädern, und auf dem Teilemarkt türmen sich Naben und die „detto pietro", die typischen schwarzen Radschuhe mit den Löchern in den Flanken.

Die Teilnehmer sind echte Helden. Stürze auf holprigen Etappen sind durchaus üblich.

Wer Rad fahren, gutes Essen und Wein mag, sollte sich auf das Rennen vorbereiten!

Seit 2013 gibt es eine Zwillingsveranstaltung in England, die Eroica Britannia. Inspiriert von ihrem italienischen Vorbild, starten die Briten im Juni ein drei Tage andauerndes Fahrrad-Festival im Nationalpark The Peak District mit Fahrradflohmarkt und – wie sie sagen – einem „der schönsten Bike-Rennen der Welt". Vier Jahre später zogen Spanien und Kalifornien nach. Im August startet die erste Eroica in Deutschland, und im September zieht der Tross in die Dolomiten.

Stil wichtiger als Speed

Allen gemein ist das stille Motto der L'Eroica: „*Style over speed*". Wie weit der Einzelne fährt, ist bei jedem Rennen zweitrangig. Die Streckenlängen reichen 38 bis 205 Kilometer weit. Selbst im Finstern radeln die Fahrer morgens im Chianti im Schein von flackernden Fackeln in die Pampa.

Anfangs rollen sie noch über Asphalt. Der Schotter kommt etwa bei Kilometer 20 und bleibt. Später, wenn es hell wird, wird es steil. Bei Steigungen bis zu 23 Prozent steigen viele ab. Die schiebenden Radfahrer gehören ebenso zum Bild der L'Eroica wie Männer und Frauen, die am Wegesrand stehen und ihre Schläuche flicken. Aber Pannen und weitere kleine Malheurs am Rad stören an diesem Tag nur wenige. Schließlich geht es nicht um Zeiten und Siege, sondern um die alten Räder, ums Sehen und Gesehenwerden und ums Fachsimpeln mit Gleichgesinnten. Kurz, es geht um das, was alle L'Eroicaner sowieso am liebsten machen: Rad fahren und Fahrradgespräche vom Feinsten führen.

Solotrips mit Selbstversorgung

Mit dem Mountainbike durch die Wildnis

60

Es ist dieser besondere Cocktail aus Sport, Natur und Einsamkeit, der jedes Jahr im Juni mehr als 100 Mountainbiker aus der ganzen Welt in das Kaff Banff nach Kanada treibt. Hier starten sie ihr ganz persönliches Bike-Abenteuer: die Tour Divide. Eine 4500 Kilometer lange Selbstversorgerfahrt, die mit 61.000 Höhenmetern gespickt ist. Denn wer nach Mexiko will, muss über die Rocky Mountains. Und nach Mexiko wollen sie alle …

„Der Weg ist das Ziel" bekommt auf dieser Tour eine ganz neue Bedeutung. Die Teilnehmer müssen Eis und Schnee überwinden, auf Bären und wilde Hunde vorbereitet sein und schlammige, handtuchbreite Waldwege passieren, die steil wie Hauswände vor ihnen aufragen. Viele Tausende Meilen später wird das Land irgendwann warm und weit. Die scheinbar unendlichen Graslandschaften erinnern an Planwagen und alte amerikanische Westernfilme. Doch die bekommen nur etwa die Hälfte der Teilnehmer zu sehen, denn lange Zeit stieg jeder Zweite aus. Die physischen und psychischen Anforderungen bei der Tour Divide sind enorm.

Doppelte Herausforderung

Neben der sportlichen Leistung ist das Reglement eine echte Herausforderung. Die Tour Divide ist eine Selbstversorgerfahrt. Die Fahrer sind komplett auf sich allein gestellt. Was sie brauchen, tragen sie am

Fachjournalist Gunnar Fehlau bei seinem privaten Start der Tour Divide in Banff.

Die kleine Schwester der Tour Divide ist in Deutschland die Grenzsteintrophy.

Körper oder auf dem Rad. Erfahrene Starter sind mit weniger als 15 Kilogramm Gepäck unterwegs. Wenn das Wetter sie nicht in ein Hotel zwingt, schlafen sie im Wald, Gewichtsfetischisten gerne nur unter einem Tarp.

Fremde Hilfe anzunehmen ist untersagt, es sei denn, sie erfolgt spontan, privat und durch Fremde, die einem auf dem Weg begegnen. „Trailmagic“ nennen das die Fahrer. Ihr Auftreten ist höchst willkommen, denn die Einkaufsmöglichkeiten sind rar und liegen weit auseinander.

Warum Menschen so etwas machen? Auf diese Frage antworten viele Teilnehmer ebenso schlicht wie selbstbewusst: „Weil ich es kann.“ Ununterbrochen Rad zu fahren, in der Wildnis unterwegs zu sein und die Strecke als Rennen zu fahren, ist für sie Luxus und gibt ihnen den ultimativen Kick. Und den brauchen sie. Denn am Ziel wartet niemand auf sie. Nur der Grenzzaun mit dem Schild „Antelope Wells“ für das obligatorische Finisher-Foto. Die schnellsten Fahrer stehen hier bereits nach 13 Tagen.

Grenzsteintrophy

Die Tour Divide ist die Königsklasse der Tourenmountainbiker, ihre kleine Schwester die Grenzsteintrophy, die sich der Radsportler und Radjournalist Gunnar Fehlau ausgedacht hat. Die Selbstversorgerfahrt führt über 1250 Kilometer und 18.000 Höhenmeter entlang der ehemaligen innerdeutschen Grenze. Wer ein Abenteuer für eine Woche sucht, ist hier genau richtig. Die GST führt über den ehemaligen Patrouillenweg der DDR-Grenzer. Die Strecke ist verwildert und nur über Lochplatten oder überwucherte Naturpfade zu befahren. Obwohl im Frühjahr Helfer Streckenabschnitte abfahren, endet der Track immer mal wieder urplötzlich vor einem Kornfeld oder im dichten Gestrüpp. Diese kleinen Überraschungen – Natur pur und Mountainbikefahren bis zum Umfallen – sind das, was die Fahrer glücklich macht.

Übrigens: Inzwischen gibt es mit der Italy Divide eine weitere Abenteuertour in Europa.

Was ist was?

61

E-Bike, Pedelec und S-Pedelec

Wer in Deutschland im Fahrradladen nach einem E-Bike fragt, sucht ein Fahrrad mit Elektromotor. Das ist überall auf der Welt so. Allerdings verwenden hierzulande Hersteller und Händler gerne auch den Begriff **Pedelec**. Ein Elektrofahrrad wird hierzulande offiziell als Pedelec bezeichnet, wenn es nur dann von einem Motor bis 25 km/h unterstützt wird, wenn der Fahrer in die Pedale tritt. Pedelecs sind Fahrräder, für sie gilt die StVO.

E-Bikes sind laut Definition im Grunde Elektromofas. Der Radfahrer muss nicht in die Pedale treten. Der Motor unterstützt, sobald der Drehgriff betätigt wird. Diese Form der Elektromofas kommt in Deutschland jedoch so gut wie gar nicht vor.

Die schnellen Pedelecs, kurz **S-Pedelecs**, sind Kleinkrafträder. Sie fahren ebenfalls nur, wenn der Fahrer in die Pedale tritt, dann aber mit bis zu maximal 45 km/h. Sie sehen aus wie ein herkömmliches Pedelec, haben allerdings ein Nummernschild. Ihre Fahrer brauchen den Führerschein Klasse M und müssen mindestens 16 Jahre alt sein. Als Kleinkrafträder müssen sie auf der Straße fahren. Radwege oder markierte Radspuren auf der Fahrbahn sind für sie tabu.

Ein Pedelec mit Mittelmotor. Der Akku ist unauffällig im Rahmen integriert.

Vereinheitlichung

Momentan findet in der Verwendung der Begriffe gerade ein Wandel statt. Der Zweiradindustrieverband möchte die Bezeichnung Pedelec abschaffen und durch E-Bike ersetzen. In seinen Publikationen verwendet er ausschließlich die Bezeichnung E-Bike. Der Grund: Die Sonderrolle Deutschlands in der Begriffsdefinition hat immer wieder zu Verwirrungen geführt.

Persönliche Vorliebe

62

Antriebe: Wahl zwischen Zug und Schub

Der Antrieb ist das Herz des E-Bikes. Man kann zwischen Heck- und Frontantrieb sowie Mittelmotor wählen. Welches Rad zum Fahrer passt, findet man am besten bei einer Probefahrt heraus. Denn die Position des Motors beeinflusst maßgeblich das Fahrverhalten des E-Bikes.

Der Mittelmotor ist zurzeit der gängige Antrieb im E-Bike. Er wird direkt im Tretlager eingebaut. Auf diesem Weg wird das Gewicht optimal verteilt und das E-Bike fährt sich wie ein „normales" Fahrrad. Die Antriebsenergie wird synchron mit der Kraft des Fahrers übertragen.

Beim Frontantrieb ist der Motor in der Nabe untergebracht. Er ist mittlerweile so klein, dass man ihn schnell mit einem Nabendynamo verwechseln kann. Beim Beschleunigen wird das Fahrrad buchstäblich vom Vorderrad gezogen. Je nach Modell kann es auf feuchtem oder losem Untergrund Traktionsprobleme geben. Beim Hinterradantrieb hat der Fahrer den Eindruck, er werde geschoben. Das höhere Gewicht lastet auf der Hinterachse, was für viel Halt und guten Grip, also gute Bodenhaftung sorgt. Das unterstützt sportliches Fahren. Allerdings ist der Aufwand deutlich höher, wenn das Hinterrad im Fall eines Plattens repariert werden muss. Bei einigen Hinterradantrieben ist auch Rekuperation möglich, also die Rückgewinnung von Strom beim Bremsen.

Liegerad mit eingebautem Rückenwind. Der Hinterradantrieb schiebt das Rad an.

Pimp dein Lieblingsrad!

63

Marktnische Nachrüstantriebe

Es muss nicht immer ein E-Bike aus dem Laden sein. Mit Nachrüst-Kits für das Hinterrad oder das Tretlager kann auch das Lieblingsrad zum Flitzer mit Motorunterstützung werden. Einer der bekanntesten Nachrüst-Kits in Deutschland ist der Pendix.

Der Antrieb besteht beim Pendix aus dem seitlich aufsetzbaren Motor, der Elektronik im Tretlager, Sensoren im Tretlager und an den Speichen und ein paar Kabeln. Im schwarzen Zylinder, der an eine Trinkflasche erinnert, sind Akku, Steuerelektronik und Bedieneinheit untergebracht. Das System ist einfach und sieht zudem noch gut aus.

Trinkflasche oder Akku?

Am Akku wird der Motor angeschaltet und per Drehschalter die Unterstützung gewählt. Das funktioniert auch während der Fahrt. Allerdings muss man dazu die Hand vom Lenker nehmen. Ein Leuchtring zeigt den aktuellen Ladestand des Motors an. Im Eco-Modus spürt man den Motor kaum. Dagegen unterstützt er im Smart- und Sportmodus so kraftvoll, wie man es von einem Pedelec erwartet.

Ein Pluspunkt des Nachrüstsatzes ist ganz klar das Gewicht. Der Antrieb wiegt inklusive Akku gerade mal 6,5 Kilogramm. Das ist wenig, insbesondere wenn der Motor an ein filigranes Trekkingrad montiert wird, wie es auf dem Bild zu sehen ist.

Günstig ist das Vergnügen allerdings nicht. Das Pendix-Set kostet zwischen 1500 und 1700 Euro (Stand 2017) zuzüglich Montage. Die muss vom Fahrradhändler durchgeführt werden, der den Pendix-Antrieb auch bestellt. So will Pendix sicherstellen, dass ein Fachhändler das Rad prüft, bevor es aufgerüstet wird. Schließlich müssen Rahmen, Gabel und Bremsen für die permanente Fahrt mit Motor geeignet sein.

Mehr Spaß mit E-Antrieb

Untersuchungen zeigen immer wieder: Wer ein E-Bike zur Verfügung hat, erledigt viel mehr Alltagswege per Bike als zuvor. Das gilt für passionierte Radfahrer wie für Autofahrer. Der Grund ist simpel: E-Bike fahren macht Spaß und auf der Strecke von 5 Kilometern ist das Rad unschlagbar schnell.

In dem schwarzen Zylinder befinden sich Akku, Steuerelektronik und Bedieneinheit.

All inclusive am Hinterrad

64

Superpedestrian: Per Laufradtausch zum E-Bike

Fahrrad-Fans kennen die Fotos der weißen Räder mit dem auffällig roten, ufoförmigen Gehäuse im Hinterrad seit Jahren. Das Massachusetts Institute of Technology hatte das sogenannte „Copenhagen Wheel“ zur Klimakonferenz 2009 in Kopenhagen gemeinsam mit der dänischen Hauptstadt entwickelt und vorgestellt. In der riesigen roten Radnabe im Hinterrad sind Motor, Akku, Steuerelektronik und Sensoren verborgen. Per Laufradtausch sollte jedes Fahrrad zum E-Bike werden.

Rad fahren, nur ein wenig flotter

Das Medienecho war gewaltig, denn E-Bikes waren damals bei Weitem nicht so chic und technisch ausgefeilt wie heute. Das „Copenhagen Wheel“ war zukunftsweisend, jedenfalls bei seiner Präsentation auf der Bühne: ein innovatives Rad für den Großstädter, das gut aussieht und während der Fahrt über Sensoren beispielsweise die Luftqualität in der Stadt messen sollte. Die Idee entsprach dem Zeitgeist – aber die Umsetzung war langwierig. Erst Ende 2013 gab es in Amerika die erste Version des Nachrüstsatzes in einer deutlich abgespeckten Version. Seit August 2017 ist das Hinterrad nun auch in Europa zu haben. 7,6 Kilogramm wiegt es inklusive Akku, Motor, sämtlicher Steuerelektronik und Sensoren. Allerdings hat die marktreife Version deutlich weniger Extras als ursprünglich geplant. So fehlen beispielsweise die Sensoren zur Luftdruckmessung und die Möglichkeit, sich mit anderen „Copenhagen Wheels“ während der Fahrt zu vernetzen, um untereinander zu kommunizieren. Sie sollen noch entwickelt werden.

Im Modus Exercise wird der Akku mit jeder Pedalumdrehung ein wenig aufgeladen.

Inklusive Akku, Motor und der Steuerelektronik wiegt das Rad 7,6 Kilo.

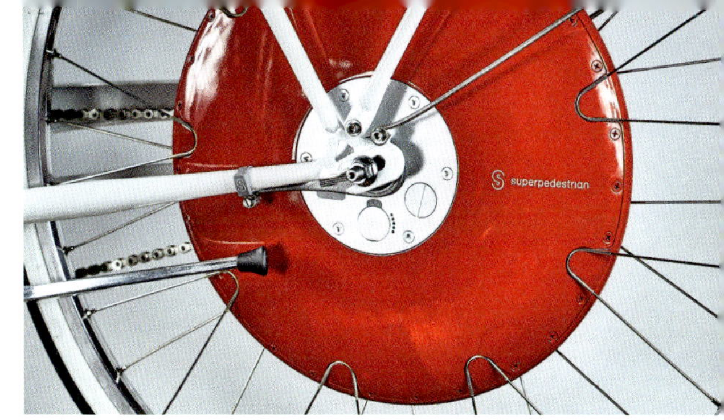

Motor wird per App gesteuert

Dennoch hat sich die lange Entwicklungszeit gelohnt. Anders als andere Nachrüstantriebe ist das Superpedestrian ausgereift. Die Features sind stimmig und passen zum Fahrrad. Das wahrscheinlich auffälligste Merkmal ist das Fahrgefühl: Mit dem Superpedestrian fährt man nicht E-Bike, sondern Fahrrad – nur ein wenig flotter.

Der Motor wird über die Smartphone-App gesteuert. Der Fahrer kann zwischen vier Unterstützungsstufen wählen. Große farbige Balken auf dem Smartphone-Display zeigen permanent an, wie viel Kraft der Fahrer liefert und wie stark der Motor unterstützt. Beim leichten Tritt rückwärts bremst der Motor das Fahrrad sofort sanft ab. Anders als beim Rücktritt ist das ein sehr dosierter Vorgang und extrem komfortabel vor roten Ampeln. Ein schöner Nebeneffekt: Beim Bremsen wird der Akku aufgeladen. Das funktioniert übrigens auch im Modus Exercise. Dann ist der Motor ausgeschaltet und der Fahrer kann eine kleine Trainingseinheit einschieben.

Noch etwas ist anders: Beim Anfahren hilft der Motor dem Fahrer spürbar, aber verhalten, selbst in der höchsten Unterstützungsstufe Turbo. Das ist angenehm, aber ungewöhnlich. Denn manche Räder schießen im Turbo-Modus beim Anfahren geradezu vorwärts.

Aufgepasst!

Wer einen elektrischen Zusatzantrieb selbst nachrüstet, wird automatisch zum Hersteller. Die Produkthaftung und die Gewährleistung des ursprünglichen Fahrradherstellers erlöschen damit. Deshalb sollten Sie unbedingt vor dem Umbau beim Fahrradhersteller nachfragen, ob die Aufrüstung mit Motor für das Modell möglich ist.

ABS für E-Bikes

Antiblockiersysteme schützen vor Stürzen

65

E-Bikes sind schnell und ihre Bremsen gut, für manche Fahrer sogar zu gut. Wenn Radfahrer in Extremsituationen zu stark in die Bremsen greifen, blockiert schnell das Vorderrad oder das Hinterrad rutscht weg. In beiden Fällen ist die Gefahr groß, dass der Fahrer stürzt. Das sollen Antiblockiersysteme (ABS) für E-Bikes künftig verhindern.

Bei Autos und Motorrädern ist ABS seit Jahrzehnten Standard. Jetzt rüsten die ersten Komponentenhersteller für E-Bikes nach. Dabei messen Sensoren über verschiedene Methoden die Geschwindigkeit am Vorder- und am Hinterrad. Sie registrieren sofort, wenn die Geschwindigkeiten der beiden voneinander abweichen und geben die Information an die Steuereinheit weiter. Von dort wird der Impuls gegeben, den Bremsdruck zu senken oder zu erhöhen, um die Fahrstabilität zu sichern. Das ABS greift also ein, sobald das Rad droht zu blockieren, und nicht erst, wenn es bereits blockiert.

Bosch und Brake Force One haben ABS-Systeme fürs Fahrrad entwickelt.

Mehr Power fürs E-Bike

66

Mit Tuningset zum Kleinkraftrad

E-Bikes boomen in Deutschland. Allein im vergangenen Jahr wurden mehr als 600.000 in Deutschland verkauft. Einigen Fahrern reicht die Geschwindigkeit von maximal 25 Kilometern pro Stunde jedoch nicht aus. Sie greifen zum Tuning-Kit und verdoppeln bis verdreifachen die Spitzengeschwindigkeit ihres E-Bikes. Früher nannte man das „frisieren". Das klingt retro und irgendwie harmlos, ist es aber ganz und gar nicht.

Wer schneller als 25 Kilometer pro Stunde fährt, gilt rechtlich als Fahrer eines Kleinkraftrades. Und für diesen treten andere Regeln in Kraft: Der Fahrer braucht einen Führerschein und muss einen Helm tragen. Und er muss die Straße benutzen und versichert sein. Fehlt Letzteres, droht ihm bis zu einem Jahr Gefängnis. Die Anbieter von Tuningsets wissen das. Sie warnen ihre Kunden, die Kits nur auf einem Privatgelände oder für Rennveranstaltungen zu verwenden. Gleichzeitig werben sie aber damit, dass ihre Module im Handumdrehen an- und wieder abgebaut werden können. Doch selbst wenn das Tuningset entfernt wurde, können Fachleute die Manipulationen der Motoren nachweisen. Wer tunt, verliert die Garantie und Gewährleistung für sein E-Bike.

Getunte Räder sind kaum erkennbar

Tatsächlich sind Tuningsets sehr klein und auf den ersten Blick kaum zu erkennen: etwa der USB-Key, der gerade mal so groß ist wie ein USB-Stick und direkt an den Motor angeschlossen wird. Der sogenannte Dongle sieht aus wie der Klinkenstecker eines Kopfhörers, ist in etwa auch so groß und funktioniert so: Ab einer Geschwindigkeit von etwa 18 Kilometern pro Stunde wird das auf dem Display angezeigte Tempo für das E-Bike halbiert. Somit schaltet die Motorunterstützung nicht bei 25 Kilometern pro Stunde ab, sondern erst bei 50 oder mehr. Das Problem ist: Die Räder sind für die hohen Geschwindigkeiten nicht gemacht. Komponenten wie Gabeln ermüden aufgrund der hohen Geschwindigkeiten schneller und können brechen.

Rechtslage: Getunte Bikes dürfen legal nur auf Privatgelände gefahren werden.

Die Schwertransporter

67

Lastenrad – Fahrzeuggattung mit Potenzial

Der vierrädrige XYZ-Cargo-Truck ist quasi der Lkw in der Fahrradwelt. Und er ist nicht nur ein Schwertransporter, sondern auch der VW-Bus unter den Lastenrädern. Je nach Aufbauten kann er zum mobilen Restaurants, Buchladen oder sogar zum Büro werden. Platz genug bietet der Truck. Mit 2,35 Metern Länge und 1,25 Metern Breite ist der Riese der Fahrradwelt aber dennoch kleiner als der kleinste Smart. Obwohl er größer wirkt und auch mehr Volumen fasst. Ohne Aufbauten kann man zwei Europaletten nebeneinander auf die Ladeflächen legen.

Der Rahmen ist geschraubt

Mit der Angabe „400 Kilogramm Zulast" hat der Künstler, Konstrukteur und Fahrzeugbauer Till Wolfer einen Meilenstein gesetzt. Dieses Gewicht ist dank Motorunterstützung leicht zu meistern, fordert aber die Komponenten. Allein die Laufräder mit den Felgen und Speichen sind bei dem Truck so verstärkt, dass sie eher Mofatechnik entsprechen als Fahrradtechnik. Wer den Rahmen genauer betrachtet, stutzt. Wie alle XYZ-Cargobikes besteht er aus Vierkantprofilen. Das ist ungewöhnlich, denn anstelle von geschwungen und geschweißt ist der Rahmen eckig und wird von Schrauben, Muttern und Unterlegscheiben zusammengehalten. „Jede Brücke und jedes Flugzeug ist geschraubt", erklärt Wolfer. Die Verbindungen der XYZ-Rahmen werden nach dem Prinzip des Tschechenigels zusammengehalten. Das ist eine Panzersperre, die extremem Druck standhält, weil drei Profile über Kreuz windschief miteinander verbunden sind. Selbst die Schrauben muss man

Das Cargobike darf noch auf dem Radweg fahren und auf dem Fußweg parken.

Jeder Truck wird nach den Wünschen der Hersteller gefertigt: Hier eine mobile Küche.

nicht nachziehen, sie halten sich gegenseitig in Form. Die Fläche und die hohe Zulast erweitern den Spielraum für seine Nutzer. Sie können dort Backofen für Pizzabäcker installieren, aber auch jede Menge andere Dinge, die sie im Stadtraum zeigen oder nutzen wollen.

Das Lastenrad als Büroersatz

Das eigentliche Ziel von Wolfer und dem Künstler-Kollektiv N55, mit dem er seit Jahren zusammenarbeitet und unter anderem Lastenräder baut: Sie wollen mehr als nur den Sprinter im Stadtverkehr ersetzen. Vielmehr soll eine Diskussion um die Platzverteilung in der Stadt angestoßen werden. Wolfers Fahrrad-Truck stößt hier in eine interessante Lücke. Denn Lastenräder dürfen auch auf Autoparkplätzen halten oder auf breiten Fußwegen parken. Theoretisch ist es also möglich, mobile Büros in exklusiver Innenstadtlage zu parken und dort zu arbeiten. Das klingt verrückt, kann aber eine Alternative sein. Schließlich sind bezahlbare Büros in den Zentren vieler Großstädte mittlerweile Mangelware. Dagegen sind Parkplätze vielerorts kostenfrei oder extrem günstig. Es ist absurd, wenn Städte ihren Bewohnern keinen Platz zum Arbeiten anbieten können, Pkws aber mehr als 23 Stunden am Tag Flächen in exklusiver Lage in der Innenstadt belegen.

E-Bikes für Autobahnpendler

Die Niederlande verschenken Elektrofahrräder

68

Das Land der Radfahrer hatte vor rund zehn Jahren auf seinen Autobahnen mit riesigen Staus zu kämpfen. Damals versprach die zuständige Ministerin Melanie Schultz van Haegen: „Wir schaffen die Staus ab.“. Normalerweise verbindet man mit so einer Aussage den Ausbau der Straßen – in den Niederlanden baut man aber auch Radinfrastruktur. Mit dem Programm „Beter benutten“ (auf Deutsch: „Besser ausnutzen“) wollte die Regierung die kilometerlangen Staus in der Provinz Nordbrabant mit innovativen Mitteln beseitigen und die bestehenden Straßen besser nutzen.

Es war eine Rechenaufgabe: Damit der Verkehr auf der Autobahn wieder fließen konnte, mussten 1000 Autos weniger pro Stunde die Strecke passieren. Der Bau einer weiteren Fahrspur hätte Millionen Euro gekostet. Die Alternative war, dass die Autofahrer auf Pedelecs wechseln.

Um interessierte Umsteiger zu finden, wurden zunächst über stationäre Kameras Autofahrer identifiziert, die dort regelmäßig im Stau standen. Sie bekamen per Post sinngemäß folgendes Angebot: „Sie bekommen ein E-Bike geschenkt, wenn Sie damit regelmäßig zur Arbeit fahren.“

Stauproblem mit E-Bike bekämpfen

Das Programm führte selbst in den fahrradaffinen Niederlanden zu emotionalen Diskussionen. Einige Radfahrer waren empört, dass Autofahrer beschenkt werden sollten. 2300 Autofahrer meldeten sich und machten mit. Was die Forscher überraschte: Nach dem Projekt fuhren 80 Prozent der Teilnehmer weiterhin mit dem E-Bike zur Arbeit. Sie änderten also ihr Mobilitätsverhalten. Im Vergleich zu der Alternative, eine weitere Fahrspur zu bauen, war die Maßnahme also für die Region sehr günstig und langfristig sehr erfolgreich. Das Projekt wird inzwischen modifiziert weitergeführt. Rund 5000 Autofahrer machen mit. Sie können selbst entscheiden, ob sie Auto oder Rad fahren. Aber für jeden Radkilometer erhalten sie eine finanzielle Vergütung und Anreize über ein Coaching-Programm. Das zieht.

Obwohl die Niederlande mittlerweile eher auf ein Stauproblem mit den Radfahrern zusteuern, fördern sie weiterhin das Umsteigen. Denn für die Niederländer steht deutlich fest: Radfahrer sind gut für Autofahrer: Je mehr von ihnen über Land und in einer Stadt unterwegs sind, umso zügiger kommen die Pkw voran.

Mehr als eine Spielerei

69

Mit Apps die Radinfrastruktur verbessern

Fahrrad-Apps sind noch eine recht junge Entwicklung und weitaus mehr als bloße Routenplaner oder Fitnessmesser. Start-ups zeigen, was bereits heute möglich ist. Mit der Radbonus-App kann man mit jedem gefahrenen Kilometer Punkte sammeln und sie später in Rabatte umsetzen. Die Prämien spendieren Arbeitgeber, Krankenkassen und Online-Shops. Mithilfe des Smartphones, seines GPS' und des Bewegungssensors misst die App die zurückgelegte Fahrradstrecke. Dazu muss man sie vor der Fahrt manuell aktivieren und am Ziel beenden. Abhängig von der Anzahl der gefahrenen Kilometer erhält der Nutzer bei den Partner-Shops Rabatte.

Anders als für den Autoverkehr gibt es über die Zahl der Radfahrer und ihre Wege nur unzureichende Daten. Stationäre Dauerzählstellen und manuelle Zählungen sind ungenau und teuer. Abhilfe können elektronische Radroutenplaner schaffen. Sie sind weit mehr als ein cleveres Instrument zum Planen und Teilen von Fahrradstrecken. Mit den gesammelten Daten können Verkehrsexperten die Radinfrastruktur in ihrer Stadt optimieren und an die Bedürfnisse der Radfahrer anpassen. Das geschieht beispielsweise mit sogenannten Heatmaps. Die erstellt der Routenplaner automatisch, indem die Software die Bewegungsmuster der Radfahrer in einer Stadt aufzeichnet, wenn sie beispielsweise vom Berliner Hauptbahnhof zum Alexanderplatz fahren.

Hat der Radfahrer sie für die Öffentlichkeit freigegeben, können Anbieter wie z. B. Strava, Naviki oder Bike Citizens die Daten nutzen. Machen das viele Nutzer, können Strava und Co. sehr genau feststellen, ob eine Strecke intensiv von Radfahrern genutzt wird oder nicht. So erkennen die Verkehrsplaner, ob Radfahrer die vorgesehenen Radwege tatsächlich nutzen oder Abkürzungen und landschaftlich reizvolle Routen vorziehen. Die gesammelten Daten zeigen detailliert, wie oft und wie lange Radfahrer an jeder Kreuzung stoppen oder mit welcher Geschwindigkeit sie in der Stadt unterwegs sind. Für Planer sind das wertvolle Informationen, um Ampelphasen im Tagesverlauf für den Radverkehr zu optimieren … sofern sie das wollen. Denn momentan ist das Interesse der Planer an diesen Daten eher gering.

Kleine Helfer: Apps zeigen, wie Radfahrer unterwegs sind.

Vorteil Vernetzung

Connected Bike mit Notruffunktion

70

Vernetzte Hausgeräte und schlaue Autos sind schon gang und gäbe – und jetzt wird auch das Fahrrad mit Smartphone-Technologie und Internet verknüpft. Bei E-Bikes und normalen Rädern könnten sich diese Funktionen bedeutend schneller verbreiten und etablieren als bei Autos oder Kühlschränken. Denn im Gegensatz zur Auto- setzt die Fahrradbranche Innovationen prompt und im Jahreszyklus um.

Fahrrad ruft Fahrer

Der Sportradhersteller Canyon hat mit der Telekom den Prototyp für ein „Connected Bike" gebaut und die Steuereinheit nebst SIM-Karte direkt in den Fahrradrahmen integriert. So können die Räder ohne Smartphone eigenständig kommunizieren, was im Notfall hilfreich sein kann. Stürzt ein Fahrer, erkennen Sensoren den Unfall und schicken dem Fahrer eine Nachricht. Reagiert dieser nicht, wird via App umgehend der Notfallkontakt informiert, der die GPS-Koordinaten des Fahrers erhält. Das ist für Mountainbiker auf Solotour durchaus interessant.

Im Alltag kann die dazugehörige App den Besitzer an notwendige Reparaturen oder den Wechsel der Bremsbeläge erinnern. Interessant ist auch der Diebstahlschutz. Beim Parken wird per App der Diebstahlschutz aktiviert und der Antrieb deaktiviert. Knacken Diebe dennoch das Schloss und transportieren das Rad per Lkw, erkennen die Sensoren die Bewegung und schicken dem Besitzer eine Nachricht mit ihren Standortdaten.

Effektiver Diebstahlschutz

Das kann zu Szenen führen, die an Fernsehkrimis erinnern: Ein Industriegebiet am Sonntagmorgen. Zwei Männer stehen mit einem Smartphone in der Hand vor einem verschlossenen Container. Laut GPS-Tracker steht hinter der Metalltür das Elektrofahrrad von Frédéric Marchands, einem der beiden Männer. Sein rund 5700 Euro teures E-Bike, ein Stromer ST2, wurde ihm die Nacht zuvor gestohlen. Allerdings ist das Velo des Restaurantbesitzers serienmäßig mit einem GPS ausgestattet. Marchand ruft die Polizei. Die Beamten öffnen den Container und finden neben seinem Flitzer 50 weitere Fahrräder. Am Abend wird der Container-Besitzer festgenommen. Mit der Neuigkeit punktete der Fahrradhersteller Stromer vor ein paar Jahren.

Blickfang auf jeder Messe: Das vernetzte Fahrrad. Hier der Sturmvogel Evo.

Die Vernetzung von Smartphone und Fahrrad eröffnet den Herstellern neue Möglichkeiten. In mancher Hinsicht wird das Fahrrad dem Auto ähnlicher und spricht dadurch neue Zielgruppen an. Dabei ist neben Komfortaspekten wie GPS-Ortung, Navigation und Fitness oftmals die Sicherheit ein zentrales Ziel der Ingenieure. Die Autoindustrie interessiert sich ebenfalls für das Thema „Connected Bike". Volvo hat mit dem Helm- und Sportartikelhersteller POC und dem Mobilfunkexperten Ericsson ein Sicherheitssystem entwickelt, das Zusammenstöße zwischen Autos und Radfahrern verhindern soll. Im Zentrum des Konzepts steht ein vernetzter Fahrradhelm, der seinen Standort stetig an die Volvo-Cloud sendet.

Mehr Sicherheit im Straßenverkehr

Droht ein Zusammenstoß, werden Rad- und Autofahrer gleichzeitig gewarnt. Der Radfahrer wird über ein Lichtsignal in seinem Helm alarmiert; außerdem vibriert der Kopfschutz leicht. Reagiert der Fahrer nicht rechtzeitig, bremst das Auto automatisch ab.

Die Kommunikation ist simpel: Der Radfahrer verbindet seinen Helm via Bluetooth mit Sport-Apps wie Strava und sendet so permanent über GPS seine Position in die Volvo-Cloud. Mit diesem System wollen die drei Unternehmen insbesondere die Risiken für Radfahrer im toten Winkel und beim Fahren in der Dunkelheit verringern.Volvos erklärtes Ziel ist, ein Auto zu entwickeln, das keine Unfälle mehr baut.

Grüne Welle

Zur Arbeit radeln, ohne anzuhalten

71

Mit dem Fahrrad von der Haustür bis ins Kino, ohne einmal anhalten zu müssen – in Kopenhagen ist das zu Stoßzeiten möglich. Auch in Deutschland interessieren sich Stadtplaner zunehmend für die automatische Vorfahrt für Radler. Allerdings weniger, um den Radfahrern den roten Teppich auszurollen. Vielmehr haben viele Städte massive Probleme mit schlechter Luft, Stau und fehlendem Parkraum. Sie können die Klimaziele nicht erfüllen und es drohen Geldstrafen. Ein Teil der Lösung ist für sie mehr Radverkehr.

Um den Umstieg vom Auto aufs Rad zu fördern, sollen Radler es im Stadtverkehr etwas leichter haben. Wie das gehen kann, damit hat sich Siemens beschäftigt. Das Unternehmen hat eine Smartphone-App namens „Sibike" entwickelt. Die Idee dahinter: Statt einer statischen grünen Welle wie in Kopenhagen soll die Ampelschaltung dem Radfahrer nur auf Aufforderung freie Fahrt gewähren. Das funktioniert folgendermaßen: Nähert sich ein Radfahrer mit der Sibike-App auf seinem Handy einer Kreuzung, schaltet die „smarte Ampel" entweder innerhalb weniger Sekunden automatisch auf Grün oder verlängert die Grünphase um einige Sekunden. Dazu übermittelt die App über das GPS-Signal die Bewegung des Radlers mit Geschwindigkeit und Fahrtrichtung an die Verkehrsleitzentrale. Passiert der Radfahrer einen virtuellen Auslösepunkt, gibt die Leitzentrale den Befehl an die Ampelsteuerung, auf Grün zu schalten. Siemens testete die App in Marburg mit rund 20 Testfahrern im Alltagsverkehr. An verschiedenen Tagen fuhren sie nachmittags ein bis zwei Stunden die etwa 700 Meter lange Teststrecke mit sechs Ampeln ab. Das Ergebnis: Die Radler konnten stadteinwärts mehr Ampeln ohne Stopp passieren als ohne App. In der Praxis müssen die Radfahrer zurzeit auf der Strecke dreimal halten. Mit „Sibike" reduzierte sich die Wartezeit um mehr als 50 Prozent, das bedeutet etwa einen bis zwei Stopps weniger. Eine echte grüne Welle für Radfahrer sieht anders aus.

Der Anteil der Radfahrer steigt. Hier wird in Wien gezählt.

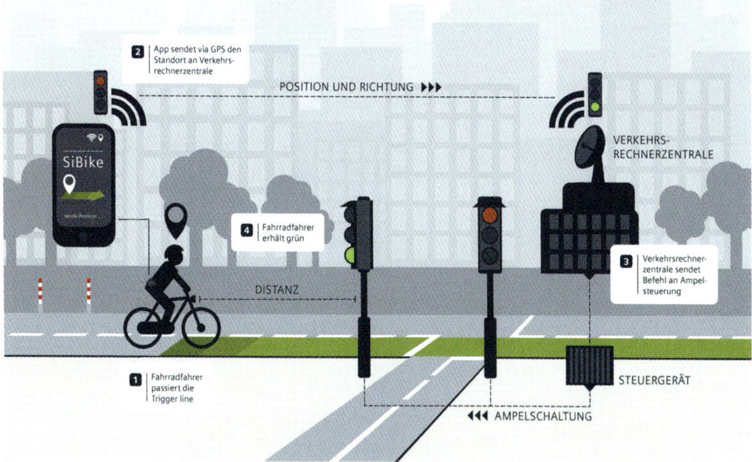

Ampel versteht App. Wenn der Radfahrer kommt, schaltet die smarte Ampel auf Grün.

Im richtigen Tempo

Einen ganz anderen Ansatz verfolgt Bike Citizens aus Österreich. Das Grazer Start-up, das bereits einen Routenplaner für Radfahrer anbietet, hat in seinem Projekt „Bike Wave Buddy“ ein Feature für seine App ausprobiert, das Radfahrer ohne Stopp durch die Stadt lotsen kann. Dafür wird nicht in die Steuerung der Ampelschaltung eingegriffen, sondern die Erfahrung der Crowd genutzt. Die App sammelt anonymisiert Daten und zeichnet auf, wann Ampeln umschlagen. Mit diesem Wissen kann sie dann dem Fahrer eine Geschwindigkeit vorschlagen, mit der er fahren sollte, um die Ampel noch bei Grün passieren zu können. Visualisiert wird das über einen Balken in der App, der sich entweder im grünen oder roten Bereich bewegt. Deshalb muss sich das Smartphone für diesen Service stets gut sichtbar am Lenker befinden. Das funktioniert auch ohne Datensammeln, wenn die jeweilige Stadt die Schaltzeiten der Ampel weitergibt. Der Vorteil des Bike Wave Buddy-Features: Es kann stadtweit genutzt werden, während die Sibike-App – wie andere grüne Wellen – lokal begrenzt und außerdem bedeutend aufwendiger ist. Denn die Ampeln müssen die technische Ausrüstung haben, um mit der Verkehrsleitzentrale kommunizieren zu können.

Digitale Sinnesschärfung

72

Vernetzung steigert die Sicherheit der Radler

Ambitionierte Sportler zeichnen ihr Training gerne akribisch auf. Mit Sensoren für Puls und Geschwindigkeit, Trittfrequenz- und Leistungsmessung ermitteln sie beim Training alle relevanten Daten, die Radcomputer, Fitnessuhr oder Smartphone-App zuverlässig aufzeichnen. Wer an seiner Leistung interessiert ist, kontrolliert sie meist auch während der Ausfahrt. Der Blick auf den Leistungsmesser während der Fahrt ist also vorprogrammiert. Das ist normalerweise kein Problem, bei einer rasanten Passfahrt aber riskant. Abhilfe sollen Sportcomputer schaffen, die alle relevanten Daten direkt ins Blickfeld rücken.

Ablenkungen abschaffen: Der HeadupDisplay soll den Blick auf den Lenker ersetzen.

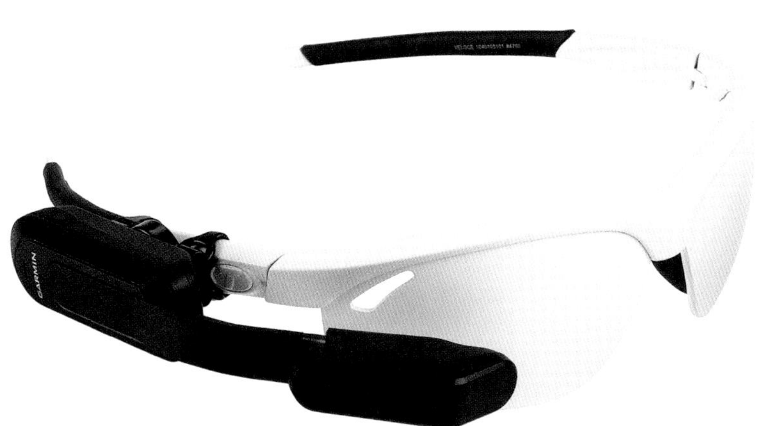

Der Mikrobildschirm fällt kaum auf und ist relativ leicht.

Route, Tempo und Leistung stets im Blick

Ein Beispiel ist der Mikrobildschirm für Radfahrer, ein „VariaVision" genanntes Head-up-Display (HUD), das Navigationsgerätehersteller Garmin entwickelt hat. Der Mikrobildschirm wird auf den Brillenbügel gesteckt und kann, ähnlich wie die Google-Glass-Brille, sämtliche relevante Daten – vom Puls bis zur Trittfrequenz – ins Sichtfeld einblenden. Diese Technik ist vor allem für ambitionierte Freizeitsportler und Profis interessant. Wenn sie im hohen Tempo Passstraßen hinunterrasen, schenkt ihnen der Bildschirm vielleicht die Millisekunde, die ihnen im Zweifel beim Blick auf den Tacho fehlt. Garmins Display ist nur so groß wie ein Fingernagel, wiegt gerade mal 28,7 Gramm und erspart den Blick zum Radcomputer am Lenker. In Kombination mit einem speziellen Radargerät, das die Straße hinter dem Radler überwacht, signalisiert das Display dem Radfahrer sogar, ob sich ein Auto von hinten nähert.

Ein ähnliches System hat Helmhersteller Abus mit dem Sportelektronikunternehmen Momes entwickelt. Anders als Garmins Display wird das „4vision®" jedoch direkt an den Fahrradhelm gesteckt. Neben den Leistungsparametern zeigt das Gerät dem Fahrer außerdem an, wann er wo abbiegen muss. Auch dahinter steckt die Idee, dass der Fahrer den Blick stets auf der Straße hat und die Hände am Lenker bleiben.

Im Rennradsport können GPS, Internetvernetzung und Sensoren aller Art rund ums Rad im Idealfall die Unfallgefahr minimieren, indem sie die Wahrnehmung der Radler um neue, „digitale" Sinne erweitern.

Alarm, Alarm!

Mit Apps und GPS gegen Fahrradklau

73

Die Zahl ist ernüchternd: Etwa alle zwei Minuten wird in Deutschland ein Fahrrad gestohlen. Allein im Jahr 2016 haben 332.000 Radfahrer ihr Rad als gestohlen gemeldet. Die Dunkelziffer liegt wahrscheinlich weitaus höher. Die Polizei findet etwa zehn Prozent der Bikes.

Das Start-up Fahrradjäger will mit einer Kombination aus App und „Insect"-Technikmodul potenzielle Diebe abschrecken. Das Gerät ist nicht größer als ein USB-Stick oder eine Kaugummipackung und lässt sich leicht, aber sicher mit dem Rahmen verschrauben. Via Bluetooth wird es mit dem Smartphone seines Besitzers verknüpft. Bewegt jemand unerlaubt das Rad, stößt das Modul einen 100 Dezibel lauten Warnton aus. Das ist fast so laut wie eine Autohupe. Zeitgleich erhält der Eigentümer eine Nachricht auf sein Smartphone und sämtliche Nutzer der Fahrradjäger-App im Umkreis von rund 100 Metern werden informiert. Wird das Rad dennoch gestohlen, soll Insect als Peilsender fungieren und seinen Standort anzeigen. Insect ist der erste community-basierte Fahrradschutz.

Das „Insect"-Technikmodul ist kaum größer als eine Packung Kaugummi.

„Insect" wird absichtlich gut sichtbar am Rad montiert, um potenzielle Diebe abzuschrecken.

Per GPS-Ortung zum Rad

Immer häufiger versuchen Radfahrer und Hersteller, ihre Räder auch über eine mögliche GPS-Ortung zu sichern. Dazu wird der Sensor versteckt oder offen am Fahrrad angebracht und kann über eine Smartphone-App nach dem Diebstahl per GPS geortet werden. Kritiker halten dagegen, dass der Sensor einfach gestört werden kann.

Troja Bike wirbt damit, das erste und einzige GPS-Ortungssystem zu besitzen, welches vom Dieb weder abgeschaltet, noch entfernt oder zerstört werden kann. Der Sensor soll sicher im Fahrradrahmen fixiert sein. Auch hier soll per Smartphone-App der Standort des Bikes jederzeit abgefragt werden können.

Die App zeigt an, wo sich das Rad gerade befindet und ob es bewegt wird.

Critical Mass: Macht Platz!

Protesttour im Feierabendverkehr

74

Einmal im Monat gehört die Straße den Radfahrern … zumindest für kurze Zeit. Dann fahren sie zu Hunderten oder Tausenden nebeneinander über dreispurige Autostraßen, überqueren unbehelligt rote Ampeln oder fahren durch Tunnel, die sonst für Radfahrer gesperrt sind. Das geht, denn dann ist Critical-Mass-Zeit. Bei einer Critical Mass (CM) gibt es keinen Verantwortlichen oder Organisator. Die Mitfahrer treffen sich spontan, der Treffpunkt wird erst kurz vor der Ausfahrt via Social Media bekannt gegeben. Wichtig ist die Zahl der Teilnehmer: Ab 16 Radfahrern ist die Gruppe ein Verband, dann darf man zu zweit nebeneinander als Kolonne auf der Straße fahren, selbst wenn parallel ein Radweg verläuft.

Die Anführer geben das Tempo und die Richtung vor und beachten die Verkehrsregeln. Der Tross folgt, auch wenn die Ampel auf Rot springt. Das ist laut Straßenverkehrsordnung erlaubt und sogar gewollt, damit der Verband zusammenbleibt.

In Hamburg müssen Autofahrer zur CM-Zeit schon mal 20 Minuten warten, bis 5000 Radfahrer (Stand Sommer 2017) weitergezogen sind. Die Teilnehmer fordern mehr Platz auf der Straße und eine bessere Radinfrastruktur. „Wir blockieren nicht den Verkehr, wir sind der Verkehr“, lautet ihre Botschaft. Die Teilnehmer reichen vom Alltagspendler bis zum Rentner. Im Sommer sind häufig Kinder dabei. Einige Fahrer sind auf Exoten wie Tallbikes oder Tandems unterwegs oder verkleiden sich an Halloween.

Stuttgart spielt in der Szene eine Sonderrolle. Dort wird die Ausfahrt seit Jahren beim Ordnungsamt angemeldet. Die Route ist bekannt und wird von der Polizei begleitet. Auf diesem Weg mobilisieren die Stuttgarter eine breite Gruppe von Radfahrern. „Die Zahl der Teilnehmer verdoppelt sich fast jedes Jahr“, sagt Alban Manz, einer der dortigen CM-Mitorganisatoren. 1400 Teilnehmer waren es im Sommer, im November immerhin noch über 800. Nach der Ausfahrt treffen sich die Stuttgarter stets zu einer „After Mass“ mit Getränken und Imbiss. Das ist gut, um sich übers Radfahren in der Stadt auszutauschen. Nirgendwo sonst trifft man unterschiedlichere Radfahrer in Stuttgart als dort. Mittlerweile wirbt das baden-württembergische Verkehrsministerium auf seiner Homepage für die monatliche Ausfahrt.

Die Critical Mass ist bundesweit inzwischen in vielen Städten eine feste Institution.

Cycling without age

Ausfahrten für Rentner in der Fahrrad-Rikscha

75

Ole Kassow fährt leidenschaftlich gern Fahrrad. Für den 48-Jährigen ist Radfahren selbstverständlich, er denkt nicht darüber nach. Als der Däne 2012 morgens durch einen Kopenhagener Park zur Arbeit radelt, sieht er in einem Park einen Rentner auf einer Bank sitzen. Zwei Wochen lang sieht er ihn dort jeden Morgen seine Zeitung lesen – offensichtlich zufrieden, die Sonne genießend, neben sich den Rollator. Schlagartig wird Kassow bewusst, dass der Mann nicht mehr Rad fahren kann. Für ihn ist das zunächst eine schreckliche Vorstellung, aber dann hat er eine Idee. Einige Zeit später steht er mit einer Fahrrad-Rikscha vor einem Altersheim. Er fragt, ob jemand Lust auf einen Fahrradausflug hat. Eine unternehmungslustige

Fahrer und Beifahrer genießen die kleine Auszeit vom Alltag gleichermaßen.

Beliebt sind bei Fahrern und Mitfahrern auch die Ausflüge in größeren Gruppen.

Bewohnerin steigt tatsächlich ein. Und offensichtlich gefällt ihr die Ausfahrt, denn am nächsten Tag klingelt Kassows Telefon: Weitere Bewohner wünschten sich eine Radtour in der Rikscha.

Das war der Grundstein für das Projekt „Cykling uden alder", also Radfahren ohne Alter", oder wie es im Englischen heißt „Cycling without age". Mittlerweile ist aus der Idee eine internationale Bewegung geworden mit Nachahmern in 37 Ländern und über 450 Städten. Mehr als 50.000 ältere Menschen sind in den Rikschas jährlich unterwegs, wobei sich deutlich zeigt: Alter ist eine relative Größe. Der älteste Fahrer einer Rikscha ist 89 Jahre alt und der älteste Passagier feierte 2017 seinen 106. Geburtstag.

Die Erfahrung zeigt: Die Ausflüge sind für beide, für Fahrer wie Mitfahrer eine Bereicherung. Manchmal tauschen die beiden während der Fahrt Erinnerungen und Lebensgeschichten aus, manchmal genießen sie einfach nur still den Ausflug. Fest steht jedoch: Die Touren muntern die Fahrgäste auf. Einige beginnen wieder zu sprechen oder kehren nach dem Fahrradausflug gut gelaunt ins Altersheim zurück.

Vor ein paar Jahren sind Kassow und neun weitere Rikscha-Fahrer mit ihren Mitfahrern 280 Kilometer von Odense nach Hamburg gefahren. Ihr Ziel war es, ihr Projekt auch hier bekannter zu machen. Das ist geglückt. In Deutschland gibt es momentan in rund 15 Städten Freiwillige, die bei „Radeln ohne Alter" mitmachen, Tendenz weiter steigend.

Für viele der Altenheimbewohner war die Ausfahrt der erste Urlaub seit vielen Jahren. Ein schöner Nebeneffekt: Nach dem Tag in der Rikscha konnten die Älteren selbst ohne Medikamente abends gut einschlafen.

Ride of Silence

76

Erinnerungsfahrt an getötete Radfahrer

Jedes Jahr sterben in Deutschland rund 400 Radfahrer im Straßenverkehr, 14.000 wurden 2016 zudem schwer verletzt. Konkret bedeutet das: Alle 22 Stunden stirbt im Durchschnitt ein Mensch, der mit dem Rad unterwegs ist, und alle 38 Minuten wird ein Radfahrer schwer verletzt. Weiß gestrichene Fahrräder, sogenannte „Ghost Bikes", erinnern in vielen Städten direkt am Unfallort an die Opfer. Aber reicht das? Für Angehörige und Freunde der Radfahrer nicht. Sie erinnern einmal im Jahr an ihren Tod beim „Ride of Silence", einer stillen Radausfahrt.

Ausfahrt für Freunde

Der erste Ride of Silence fand 2003 im texanischen Dallas statt. Chris Phelan hatte die Ausfahrt organisiert, um an einen guten Freund zu erinnern. Der Langstreckenfahrer, Larry Schwartz, war beim Radfahren gestorben, weil ihn der Seitenspiegel eines unachtsamen Busfahrers erwischt hatte. Auf seiner Beerdigung wurde die Idee für den Ride of Silence geboren. Phelan übernahm die Organisation.

Das Logo des Ride of Silence. Jedes Jahr gedenken Tausende Radler der Todesopfer.

Mittlerweile organisieren Radfahrer weltweit in ihren Städten die stille Ausfahrt.

Mahnmal und stummer Protest

Die Gedenkfahrt an die toten Radfahrer traf offensichtlich ein Bedürfnis. Schnell stieg die Zahl der teilnehmenden Städte an. In Amerika erinnern mittlerweile Radfahrer in 50 Bundesstaaten alljährlich an Freunde, Familienmitglieder und Kollegen, die als Radfahrer bei einem Verkehrsunfall gestorben sind. An einem festgelegten Tag radeln sie alle in absoluter Stille durch ihre Stadt.

Inzwischen haben Radfahrer europaweit diese Tradition übernommen, auch in Deutschland. Während der Ausfahrt passieren sie die Stellen der Radunfälle. Das ist Absicht. Mit dem Ride of Silence wollen sie Politiker und Stadtbewohner noch einmal an die Radfahrer und die Umstände ihres Todes erinnern. Die Fahrt ist ein Gedenken, aber auch ein stummer Protest für eine Infrastruktur, die Radfahrer besser schützen soll.

Fahranfänger 40+

77 Praxisübungen mit Muße und Mathematik

Radfahren lernen die meisten als Kind. Erwachsene, die das verpasst haben, können es aber spielerisch nachholen. Der Sportwissenschaftler Christian Burmeister aus Hamburg lässt die Teilnehmer zunächst einen Roller schieben und später im Sattel Rechenaufgaben lösen. „Radfahren ist leicht, das bringe ich dir bei", diesen Spruch kennt der Großteil von Christian Burmeisters Kunden. Oftmals enden die gut gemeinten Angebote jedoch mit einem Sturz und frustrierten Fahrschülern, die sich nicht mehr aufs Fahrrad trauen. Der Sportwissenschaftler hat ein Konzept entwickelt, mit dem er Erwachsene in 20 Tagen sicher aufs Rad bringt.

Üben mit großen Tretrollern

Acht Frauen schieben an diesem Morgen hüfthohe Roller über den Platz. „Ich will Radfahren lernen, nicht Roller schieben", meint man in ihren Gesichtern zu lesen. „Nein", widerspricht Burmeister, „das ist kein Widerwille, das ist Angst." Er führt die erste Übung vor: Bremsen ziehen, Lenker gerade, einen Fuß seitlich aufs Trittbrett stellen und mit dem anderen durchsteigen. Von links nach rechts und umgekehrt. Immer wieder. Das schaffen alle. Die ersten lächeln. Es geht weiter: Den rechten Fuß aufs Trittbrett, nach links kippen und sich mit dem leicht abgespreizten linken Fuß auffangen.

Fahrlehrer Christian Burmeister (rechts) mischt sich stets unter die Schüler.

Hier geht das Rad fahren schon richtig gut.

Bereits mit der ersten Rollerübung bilden die Teilnehmer das Fundament für ihr späteres Radfahren. Sie verankern Bewegungsabläufe, die ihr Gehirn zukünftig in Gefahrensituationen in Bruchteilen von Sekunden abruft. Beherrschen sie diese Abläufe nicht, können sie nie sicher vom Rad absteigen oder Kurven fahren. Vertrauen zum Rad entwickeln, mit dem Gefährt in Bewegung sein, statt dagegen zu halten – das ist Burmeisters Botschaft an die Anfänger.

Gefühl für Bewegung entwickeln

Erwachsene lernen ergebnisorientiert. Manchmal behindern ihre Gedanken ihr Lernen. Das kann man sehen. Dann sitzen die Anfänger verkrampft und gebückt im Sattel, unfähig zu experimentieren. In diesen Momenten stellt Burmeister ihnen Rechenaufgaben.

Wer den Übungen folgt, lernt in kleinen Schritten das Radfahren. Seit 30 Jahren gibt der Hamburger Kurse für Erwachsene. Viele seiner Kunden müssen überhaupt erst ein Gefühl für Bewegung entwickeln. Burmeisters Konzept heißt „Moveo ergo sum", „Ich bewege mich, also bin ich", in Anlehnung an „Cogito ergo sum", „Ich denke, also bin ich" des französischen Philosophen René Descartes.

Fahrrad-Sternfahrt

Protestfahrt für sichere Radwege

78

Normalerweise ist die 53 Meter hohe Brücke für Fußgänger und Radfahrer gesperrt. Die eindrucksvolle Aussicht über den Hamburger Hafen ist das ganze Jahr über nur Lkw- und Autofahrern vergönnt – mit wenigen Ausnahmen. Eine davon ist die Hamburger Sternfahrt. Sie ist eine von vielen Sternfahrten in Deutschland und ein friedlicher Protest für eine umweltfreundliche Verkehrsgestaltung pro Fahrrad.

An diesem Sonntag sind viele wichtige Zufahrtsstraßen wie Autobahnen Richtung Hamburg gesperrt. Nur Radfahrer dürfen passieren, und sie kommen zu Tausenden. Am frühen Morgen haben sie sich bereits in den umliegenden Regionen getroffen und sind aus 40 Kilometer Entfernung Richtung Elbe geradelt. Das Tempo ist familienfreundlich. Im Tross werden maximal 12 und 18 km/h geradelt. Die Zahl der Mitfahrer bei den bundesweiten Sternfahrten wächst seit Jahren stetig. Die Menschen sind unzufrieden mit der Radinfrastruktur. Sie wollen bessere und sicherere Radwege, und sie wollen sie zügig.

Beitrag zur Verkehrswende

Auch in Berlin ist die Ungeduld groß. Nirgendwo sonst sind mehr Radfahrer bei der Sternfahrt unterwegs als dort. Die Ausfahrt in der Hauptstadt hat eine lange Tradition. Die erste Sternfahrt mit 8000 Teilnehmern organisierten Radfahrer 1977 in West-Berlin. Die Idee zur Sternfahrt war in der Bürgerinitiative gegen die Westtangente entstanden. Deren Mitglieder hatten erfolgreich gegen den Bau eines Autobahnzubringers ins Herz von Berlin protestiert.

Mitte der 1990er-Jahre radelten bereits 25.000 Berliner mit, 2002 meldete der Veranstalter ADFC 100.000 Mitfahrer, zwei Jahre später zählte die Polizei gar 250.000 Radler. Diese Zahlen sind wichtig. Schließlich ist eine Sternfahrt eine politische Demonstration – derzeit wird in vielen Städten über die Verkehrswende und die Mobilität der Zukunft diskutiert. Seit der ersten Sternfahrt im Jahr 1977 hat sich zwar einiges verändert, doch die zentrale Forderung bleibt aktuell: Radfahrer wollen von Autofahrern und Verkehrsplanern ernst genommen und respektiert werden. Darunter verstehen sie unter anderem eine Verkehrsgestaltung pro Umwelt und pro Fahrrad.

Fahrradautobahn mal anders: Während der Sternfahrt haben Radler hier Vorfahrt.

Burkhard Stork, Bundesgeschäftsführer des ADFC, während der Berliner Sternfahrt

Die wollen nur spielen

Bikepolo verlangt perfekte Fahrkünste

79

In den Metropolen weltweit haben Fahrradkuriere vor 20 Jahren ein altes Spiel wiederbelebt: Bikepolo. Es ist rau, hat viel mit Eishockey gemein und setzt perfekte Fahrkünste voraus. 1897 war die Bicycle Polo Association in England der erste Bikepolo-Verein der Welt, aber das schnelle Spiel wurde Anfang des 20. Jahrhunderts völlig vergessen. Sein Revival begann Ende der 1990er-Jahre auf den Parkplätzen in Seattle. Die Fahrradkuriere haben es zunächst in den Pausen und später dann in der Freizeit gespielt. Die Spiele wurden ein Publikumsmagnet. Erst kamen die Leute zum Zuschauen, dann zum Mitspielen.

Das Equipment ist simpel: Man braucht ein Rad, einen Streethockey-Ball und einen Schläger; der wird aus einem Abflussrohr und einem Skistock selbst gebaut. Die Regeln sind ebenfalls einfach: Ein Spiel dauert zwischen fünf und 30 Minuten. Jedes Team stellt drei Spieler. Auf dem Rad umfasst eine Hand den Lenker, die andere den Schläger. Die Füße dürfen den Boden nicht berühren. Passiert das doch, muss der Fahrer zur Strafe zum Tap-out am Spielfeldrand und einen Punkt oder aufgehängten Gegenstand mit dem Schläger berühren. Alles andere als simpel ist dagegen das Spiel. Bikepolo-Spieler sind Bike-Akrobaten. Das müssen sie auch sein. Denn Bikepolo im 21. Jahrhundert ist eine wilde Hatz – eine Mischung aus Eishockey, Rugby und Fahrradkunst. Die Sportgeräte sind Eigenbauten: Eingangräder ohne Bremsen (sogenannte „Fixies") mit kurzen Radständen, niedrigen Rahmen und abgesägten Lenkern. Das macht sie extrem schnell und wendig.

Beste Freunde

Während des Spiels schenken die Fahrer einander nichts. Dann klacken Schläger aneinander, blockieren Räder, bohren sich Ellenbogen in die Seiten des Gegners. Fahrer fliegen schon mal kopfüber über den Lenker. Aber sie springen sofort wieder in den Sattel, stürmen zum Anschlagen zum Tap-out, nur, um sofort wieder zu ihrem Team aufzuschließen und dem Ball hinterherzujagen. Nach dem Abpfiff fallen sich die Spieler lachend in die Arme. Denn sie sind beste Freunde. Kumpel, die jeden Tag via Social Media über Bikes und Teile tratschen. Spielen sie in anderen Städten, übernachten sie bei ihren Gegnern. Jeder sorgt für jeden … bis zum nächsten Spiel.

Beobachter am Spielfeldrand: Die Freunde fiebern bei jeder Partie mit.

Rasant und ruppig: Beim Bikepolo gehört häufiger Körperkontakt zum Spiel dazu.

Bambusrad

Der Rahmen wächst im Wald

80

Fahrräder aus nachwachsenden Rohstoffen wie Bambus sind beliebt. Kein Wunder. Die Räder sehen gut aus und dämpfen erstaunlich gut. Auch Carbonrahmenspezialist Craig Calfee ist von den Fahreigenschaften der Bambusräder überzeugt. Der Rahmenbauer aus Kalifornien war Mitte der 1990er einer der Ersten, der aus dem schnell wachsenden Gras stabile und vor allem wunderschöne Räder baute.

Der Bau von Bambusrädern ist Handarbeit. Das Ernten und Trocknen der Rohre erledigen die Rahmenbauer meist selbst. Insbesondere das Trocknen ist nämlich ein heikles Thema, denn Bambus reißt dabei leicht oder verbiegt sich. Jeder Rahmenbauer entwickelt ein eigenes Trocknungsverfahren, über das er gerne schweigt.

Schön, schöner, Bambus: Ein Rad aus nachwachsenden Rohstoffen ist ein Hingucker.

Elegante Lösung: Statt aus Hanf und Harz besteht die Muffe aus Harz und Glasfaser.

Alternativen für Hanf und Harz

Auch Calfees Konzept ist sein Geheimnis. Seine Bambusräder haben Rahmenbauer und Fahrrad-Freaks weltweit inspiriert. Stefan Eisen aus Karlsruhe ist einer von ihnen. Die Räder, die er in seiner Freizeit baut, haben eine Besonderheit. Für die Verbindungen stellt der Ingenieur Muffen aus Harz und Glasfaser her. Die Wände der Knoten sind deshalb nur zwei Millimeter stärker als die Rohre. Die laminierten Verbindungen sehen gut aus und halten auch gut. Eisen ist ein Schöngeist. Ihm gefielen die dicken Knoten aus Hanf und Harz nie, die in der Regel die Rahmenrohre zusammenhalten. Ähnlich erging es dem dänische Fahrraddesigner Biomega. Der Rahmenbauer nutzt nun für seine Bambusrahmen eine Verbindung aus Metall.

Ein Fahrrad aus Bambus ist stets ein Unikat. Es ist eine Maßarbeit, vergleichbar mit einem Maßanzug vom Schneider; das bis ins letzte Detail auf den Fahrer abgestimmt wird.

Bau' dir dein Bambusbike

Wer sich sein Bambusrad selbst bauen will, findet dafür professionelle Hilfe. Bundesweit gibt es verschiedene Rahmenbauer, die unterschiedlichen Workshops anbieten, wie Ozon Bicycles aus Berlin oder BAM-Original aus München.

Bonanzarad

81

Ein Kindertraum mit Fuchsschwanz

Als Kind konnte Christoph Dieckmann in den 1970ern nur vom Bonanzarad träumen. Das Kultrad war mit 25 Kilogramm ein echtes Schwergewicht. Dieckmann brachte aber selbst nur 30 Kilogramm auf die Waage und fuhr deshalb Klapprad. Das ist lange vergessen. Inzwischen gilt der freundliche Kölner in Deutschland als Guru des Bonanzarads.[16)]

Seit Ende der 1990er verkauft er drei verschiedene Modelle aus Originalteilen. „Meine Kunden sind Kinder zwischen 20 und 40 Jahren", sagt Dieckmann. Allerdings würden sie mit den Rädern nicht mehr durch die Stadt cruisen. „Sie stellen sie lieber ins Wohnzimmer."

Bonanzarad aus Originalteilen

In den frühen 1970er-Jahren gehörten Jungs auf bunten Rädern mit schwarzen Bananensatteln zum Stadtbild. Wenn der Wind günstig stand, hörte man sie bereits von Weitem. Denn neben Wimpel oder Fuchsschwanz am Hochraiser gehörten Speichenklicker oder Spielkarten im Laufrad zur Grundausstattung. Mit den hohen, gebogenen Lenkern und der Konsolenschaltung zwischen den Oberschenkeln waren die Räder die perfekte Mischung aus Harley-Davidson-Chopper und Ami-Schlitten – und somit der Traum vieler Kinder.

Eine Seltenheit im Stadtverkehr: Ein Bonanzarad im Alltagseinsatz.

Der Klassiker mit Konsolenschaltung, Bananensattel, Rückspiegel und gebogenem Lenker.

Dieckmann, der früher in der Fahrradbranche arbeitete, hatte beim Hersteller Kynast einen riesigen Fundus an Bonanza-Originalteilen entdeckt und gekauft. Kynast hatte viele Jahre für Otto, Quelle und Neckermann diese Räder gefertigt. Das Geschäft übernahm nun der Kölner allein, wenn auch nur im kleinen Rahmen. Immerhin baute und verkaufte er in den vergangenen Jahrzehnten mehrere Tausend Räder. Bald wird sein Vorrat erschöpft sein. Noch rund 500 Räder, dann, so Dieckmann, seien die Kynast-Komponenten aufgebraucht und die Ära der Bonanzaräder werde zu Ende gehen.

Weltmeisterschaft

1997 gab es die eine Bonanzarad-WM in Moers mit den vier Diszplinen Kunstrad, Bergab, Slalom und Langstreckenvergleichskampf. Sieger wurde Thorsten Schreiter aus Köln.

Cityrad

82

Solider Begleiter für die tägliche Fahrt

Citybikes sind Alltagsräder, gedacht für kurze Strecken und fürs gemütliche Fahren und deshalb extrem beliebt. Jedes fünfte verkaufte Fahrrad war 2016 ein Citybike. Auf ihnen thront man aufrecht wie ein König, den Allerwertesten gut gebettet auf einem breiten, gefederten Sattel. Das ist auf fünf Kilometer langen Strecken bequem. Dauert die Fahrt jedoch länger, schmerzt irgendwann der Po. Die Räder haben einen tiefen Einstieg, der das Aufsitzen leicht machen soll. In ihrer modernen und hochwertigen Variante sind es sogenannte „Sorglos-Räder". Das heißt, sie haben eine wartungsarme Nabenschaltung mit drei bis neun Gängen. Für Licht sorgt der Nabendynamo im vorderen Laufrad. Das ist praktisch, denn sie brauchen keine Pflege und funktionieren bei jeder Witterung.

Häufig sind die Räder mit einer Rücktrittbremse ausgestattet. Obwohl sie nicht mehr dem aktuellen Stand der Technik entspricht, ist sie in Deutschland immer noch beliebt. In den Niederlanden sind auch Bike-Sharing-Räder mit Rücktritt ausgestattet.

Das Cityrad in all seinen Spielarten ist seit Jahrzehnten der Dauerbrenner für die Stadt.

Auch die Fahrradbranche hat Modefarben. Wer es zeitlos mag, wählt silberfarben.

Klassiker Hollandrad

Apropos Niederlande. Die soliden Hollandräder zählen ebenfalls zu den Cityrädern. Sie sind robust, sehr ergonomisch und deshalb extrem komfortabel. Schmerzende Hände oder Schultern sind bei ihnen so gut wie ausgeschlossen. Außerdem haben Gazelle und Co eine gute Übersetzung und sorgen somit für entspanntes Dahingleiten. Jedenfalls solange man in der Ebene unterwegs ist. Berge erklimmen will man mit ihnen nicht. Dafür sind die bis zu 25 Kilogramm schweren Schiffe eindeutig zu schwer.

Cityräder sollen praktisch sein. Wer zudem Wert aufs Aussehen legt und einen Hang zum Retro hat, findet momentan eine breite Auswahl. Sättel aus Leder nebst passender Griffe hat zurzeit jedes Fachgeschäft im Angebot. Neben dem Dauerbrenner Hollandrahmen erleben die Mixte-Rahmen mit der feinen Doppelstrebe anstelle des Oberrohrs seit ein paar Jahren eine Renaissance. Das Mixte ist jedoch eine deutlich sportlichere Variante des Cityrads. Ursprünglich war es für Männer und Frauen gedacht. Gefahren wurden die Räder aber eigentlich nur von Frauen. Das lag wahrscheinlich an der leicht abfallenden Doppelstrebe, die an den tiefen Durchstieg des klassischen Cityrads erinnert. Der ist praktisch, auch wenn man gerade keinen Rock trägt.

Cyclocrosser und Gravelbike

Offroad-Rennradspaß bei jedem Wetter

83

Wenn es im Herbst feucht und matschig auf den Straßen wird, verpacken Rennradfahrer ihre filigranen Renner sorgsam für den Winterschlaf und entstauben ihre Cyclocrosser oder Gravelbikes. Die Unterschiede zwischen den Rädern sind sehr fein.

Crosser sehen aus wie Rennräder, haben jedoch kürzere Oberrohre, die Reifen sind breiter und profiliert und das Tretlager liegt deutlich höher als beim Rennrad. So sollen die Fahrer Matsch- und Schlammpassagen besser meistern. Denn dafür sind sie konzipiert: für schnelle Fahrten durch den Wald. Das kürzere Oberrohr macht das Rad wendig. Wer jedoch in Rennradhaltung durchs Gelände fahren will, braucht eine sehr gute Fahrtechnik. Denn Crosser-Fahren ist anstrengend – physisch wie psychisch.Das Rennen dauert nie länger als eine Stunde. Der Rundkurs ist auf schnelles Fahren angelegt, und die Hindernissen sind so positioniert, dass die Teilnehmer immer wieder absteigen oder sie überspringen müssen.

Gravelbikes sind anders

Das Gravelbike kommt ursprünglich aus den USA. Manche Rennradfahrer wollten dort von den asphaltierten Straßen auf die geschotterten Straßen neben der Straße, die sogenannten „gravel roads", ausweichen, weil sie es dort sicherer fanden. Herkömmliche Rennradreifen waren jedoch zu schmal, und ein Crossrad fanden sie zu unbequem. Das Gravelbike ist ein Kompromiss, der Rahmen ist, wie beim Rennrad, länger, die Reifen können bis zu 40 Millimeter breit sein und mit wenig Luftdruck gefahren werden. Das erhöht den Komfort und die Traktion auf losem Untergrund.

Und: Das Gravelbike ist ein Allrounder. Mit schmalen Reifen ist es ein Sprinter auf Asphalt, und auf breiten Schlappen bringt es seinen Fahrer auf Wald- und Forstwegen fast überallhin.

Rennen für Gravelbikes

Das bekannteste Rennen für Gravelbikes ist das Dirty Kanza, über 322 km in Kansas. Der Rundkurs führt über Pfade und Schotterwege. Die schnellsten Fahrer erreichen nach zwölf 12 Stunden das Ziel. 2004 starteten 36 Fahrer, heute sind es über 2000.

Mit Gravelbikes auf schmalen Reifen schnell unterwegs im schwierigen Gelände.

Cruiser

84

Jeden Tag ein bisschen Baywatch

Bei Cruisern ist der Name Programm. Die Nachbauten der 1950er-Jahre-Räder sind mit ihren geschwungenen Rahmen, den dicken Ballonreifen und den breiten Sätteln quasi die Harleys unter den Fahrrädern. Das Tempo spielt dabei keine Rolle. Sie laden quasi dazu ein, mit ihnen in Venice Beach möglichst langsam die Strandlinie entlangzuflanieren. Denn sehen und gesehen werden ist bei diesen Rädern Teil des Konzepts.

Liebhaber des Easy-Rider-Roadmovies werden die Bikes sofort mögen. Als moderne Nachbauten gibt es sie in verschiedenen Designs, von sportlich über klassisch bis hin zu verspielt. Typisch sind der lange Radstand und die niedrige Sitzposition mit dem Ledersattel weit hinter dem Tretlager. Das ist nicht sonderlich effizient, aber darum geht es auch nicht. Die Haltung ist bei Cruisern ein Statement. Das Schönwetterrad ist meist eines von vielen Liebhaberstücken eines Fahrrad-Freaks.

Eine bekannte Marke ist „Electra". Die Berliner Benno Baenziger und Jeanno Erforth haben sie Anfang der 1990er-Jahre in San Diego gegründet. Inzwischen hat der US-Fahrradkonzern Trek das Unternehmen gekauft. Ruff Cycles, eine Bike-Manufaktur aus Regensburg, baut seit einigen Jahren ebenfalls auffällige Cruiser im Vintage-Stil. Für die sogenannten „Rustys" im Rost-Look werden die Rahmen vor dem Lackieren nach einem bestimmten Verfahren mit einer Rostschicht versehen. Eine Spezialbehandlung soll das Innere konservieren, bevor der Rahmen mit einem Mattlack versiegelt wird. Mehr Vintage geht kaum.

Sehen und gesehen werden. Die Cruiser sind die Harleys unter den Fahrrädern.

Faltrad

Das Schweizer Messer unter den Fahrrädern

Kaum gab es Fahrräder, da faltete man sie schon zusammen, das erste bereits 1878. Es waren solide Velos, die mit ihren großen Vorbildern locker mithalten konnten. Heute gibt es Tourenräder, Rennräder und Citybikes zum Falten. Der erste Eindruck ist befremdlich: Laufräder in Kindergröße und eine scheinbar riesig lange Sattelstütze. Die Räder sehen nicht nur anders aus, sie fahren sich auch anders … jedenfalls auf den ersten Metern.

Die kleinen Laufräder machen die Bikes sehr agil. Aber an das Fahrverhalten gewöhnt man sich rasch. Je nach Einsatzzweck variieren die Eigenschaften der Falter. Einige sind komfortabel, andere sehr wendig, wieder andere haben eine enorm hohe Laufruhe bei der Talfahrt. Für Pendler sind häufig das Packmaß und die Aufbauzeit wichtig. Das deutsche „Birdy" ist als zusammengefaltetes Paket etwas größer, punktet aber beim Fahrkomfort. Das „Brompton" aus England wiederum ist die De-luxe-Version des kleinen Falters.

Falträder haben eine große Fangemeinde. Es gibt „Birdy"-Freunde und „Bromptonauten". Letztere treffen sich einmal im Jahr zur Weltmeisterschaft im Londoner Blenheim Palace und fahren 13 Kilometer durch den Park. Der Dresscode schreibt Sakko und Krawatte vor – für Männer wie Frauen. Unterhalb der Taille geben sich die Fahrer sportlich und tragen kurz. Aber auch ohne kostümierte Fahrer fallen Falträder auf. In den Großstädten sieht man sie zu Stoßzeiten immer häufiger auf den Bahnsteigen. Ihr Vorteil: Sie gelten als Gepäckstück und dürfen in Bus und Bahn immer mitfahren … kostenlos.

Das „Birdy" ist wendig, komfortabel und punktet bergab mit seiner hohen Laufruhe.

Fatbike

86

Ein Rad auf dicken Schlappen für Genießer

Ein Fatbike ist niemals das einzige Bike im Fahrradkeller. Es ist ein Bike fürs Grobe. Schnee, Sand, Matsch und Kies oder ein breiter Wurzelteppich sind feinstes Terrain für die faustbreiten Reifen. Statt zu stocken oder zu stoppen rollen sie einfach unbeirrt weiter und bringen ihre Fahrer dorthin, wo jedes andere Rad schlapp macht. Beispielsweise nach Alaska, auf den 1600 Kilometer langen Iditarod Trail, den berühmten Schlittenhundepfad.

Für extreme Touren

Seit den 1980ern gibt es dort das Iditarod Trail Invitational, ein Extremrennen, das die Teilnehmer zu Fuß, per Ski oder mit dem Fatbike bewältigen können. Inzwischen dominieren die Fatbikes das Rennen, und das wundert niemanden. Denn dieser Trail ist einer der Gründe, warum Rahmenbauer aus Alaska die Räder mit den dicken Reifen überhaupt entwickelt haben. Sie und ihre Kunden wollten den Iditarod Trail unbedingt befahren.

Bei Ebbe kann man mit dem Rad von Cuxhaven zur Insel Neuwerk durchs Watt pedalieren.

Spaßgarantie im Wald bei Tiefschnee. Fatbikes bringen ihre Fahrer überallhin.

Entschleunigt radeln

Die Bedingungen sind Ende Februar extrem. Bei bis zu minus 40 Grad Celsius sind die Fahrer unterwegs, strampeln Berge rauf und runter und überqueren zugefrorene Flüsse. Alles, was sie für die 80 bis 120 Kilometer bis zum nächsten Checkpoint brauchen, transportieren sie am Rad. Dagegen klingt das Fahren im Wattenmeer bei Ebbe wie ein Sonntagnachmittagsspaziergang. Aber auch das ist eine typische Fatbike-Tour.

Das Fahren auf den dicken Schlappen durch Sand oder kniehohes Gras macht Spaß, ist aber auch sehr speziell. Rasen kann man mit den Rädern nicht. Das verhindern die extrem breiten Reifen und Felgen. Sie lassen Luftdrücke um 0,5 Bar zu und sorgen für die große Auflagefläche, die das Einsinken verhindert.

Das wiederum sorgt für ein Fahrgefühl, das vor allem weich wirkt … sehr weich. Es erinnert entfernt an die Hüpfbälle, mit denen man als Kind durch die Gegend sprang. Das muss man mögen. Anfangs ist Fatbike-Fahren anstrengend, aber mit etwas Training hat es einen besonderen Effekt: Es entschleunigt seine Fahrer.

Fixie und Singlespeed

Rad fahren für Puristen

87

Reduzierteres Radfahren geht nicht. Ein Fixie hat nur einen Gang, vorne ein Ritzel, hinten ein Ritzel, dazwischen Kette oder Riemen. Wenn das Rad außerdem keinen Leerlauf hat, muss man permanent treten. Dann spricht man von einem „fixed gear", was so viel heißt wie „starrer Gang". Anfang der 1980er entstanden immer mehr Radkurier-Unternehmen in den US-Städten. Ihre Fahrer suchten günstige Bikes, die wenig Pflege brauchten und verschleißarm waren. Bahnräder waren perfekt. Sie hatten einen Gang, eine starre Nabe, keine Bremse und waren leicht. Zum Bremsen verlagern die Fahrer ihr Gewicht Richtung Lenker und stemmen die Beine gegen die Laufrichtung der Pedale – sie halten also gegen und kontern. Das funktioniert mit etwas Übung gut. Und der starre Gang hat noch eine weitere Besonderheit: Er bewirkt, dass man mit einem Fixie rückwärts fahren kann. Der Wechsel vom Vorwärts- zum Rückwärtsrollen erfordert zwar einige Übung, ist für Bikepolo aber ebenso praktisch wie absolut notwendig. In Deutschland sind eigentlich zwei Bremsen am Fahrrad vorgeschrieben. Der starre Gang gilt jedoch als Bremse. Deshalb brauchen Fixies nur noch eine Vorderradbremse.

Haben Sie's gewusst?

Das Fixie, mit dem Eddy Merckx 1972 den Stundenweltrekord auf der Bahn aufstellte, wog nur 5,75 Kilo. Sein Rekord von 49,431 Kilometern wurde erst nach 28 Jahren von Chris Boardman mit 49,441 Kilometern überboten.

Dieses Retro-Single-speed dient als bequemes schickes Cityrad für den Alltagsverkehr.

Holzrad

88

Auf dem Holzweg?

Holz im Fahrradbau? Da winken viele erfahrene Rahmenbauer und Raddesigner erst einmal ab. Richtig imprägniert und gut gepflegt sind diese Räder jedoch stets ein Blickfang und halten vor allem auch ein Leben lang.

„Holzbikes haben die wunderbare Fähigkeit, Stöße und Vibrationen von der Straße oder Piste zu absorbieren", schwärmt Chris Connor. Er ist Rahmenbauer und lebt in Denver, Colorado. Seine Räder baut er aus amerikanischen Hölzern, gerne aus Esche und Walnuss. Aber Connor baut sie nicht nur, er fährt sie auch. Mit Vorliebe in extremem Gelände und bei außergewöhnlichen Rennen wie dem Leadville Trail für Mountainbiker. Die Strecke führt 100 Meilen auf unbefestigten Wegen durch die Rocky Mountains. Der höchste Punkt der Tour liegt etwa auf 3800 Metern. Wer dort unterwegs ist, mutet seinem Material viel zu.

Um das Holz vor der Witterung und kleinen Dellen durch hoch springende Steine zu schützen, versiegelt Connor den fertigen Rahmen mit Bootslack. Das funktioniert gut. Schnee und raue Pisten machen seinen Rahmen nichts aus. Sie sehen auch nach den Touren noch gut aus.

Tobias Rudolph aus Berlin hat ein ausgefallenes System entwickelt, um Holz zu verwenden. Seine Rohre sind nicht rund, sondern achteckig. Diese fertigt er selbst. Dazu leimt er Pappel- und Eichenfurniere zu einem achteckigen Hohlkörper zusammen. Das macht den Rahmen stabil und leicht. Gerade mal 7,5 Kilogramm wiegt sein Rad aus Holz. Rudolph behandelt den Rahmen erst mit Öl und anschließend mit einem Hartwachsöl, um es vor Nässe und Schnee zu schützen. Trotzdem rät er seinen Kunden, das Rad nicht tagelang im Regen stehen zu lassen.

Mit diesem edlen Holzrad ist Chris Connor in Colorado bei jedem Wetter unterwegs.

Klapprad

89

Von pfui zu hui – das Klapprad wird Kult

Für die Hersteller von Falträdern ist „Klapprad“ häufig ein Schimpfwort. Noch heute leiden sie unter dem schlechten Ruf, den die Räder in den 1960er- und 1970er-Jahren hatten. Ganz anders geht es den Retrofans unter den Fahrradliebhabern. Sie fahren und sammeln ihre „Klappis“ mit Stolz. Das Vorbild für die Klappräder der 60er und 70er des letzten Jahrhunderts waren die „Stowaway“-Modelle der Firma Moulton aus England. Diese waren teilbar, mit kleinen, luftbereiften Rädern ausgestattet und hatten extrem gute Fahreigenschaften.

Das Konzept überzeugte viele Hersteller, weshalb sie eigene Klappräder entwickelten. Allerdings hatten die Nachbauten mit dem Original wenig gemein. Es waren oft schlechte Kopien mit einem zu kurzen Radstand, instabilen Rahmen, einer falschen Übersetzung, und außerdem fehlte die Federung.[17)] Typisch waren der geschwungene Lenker, der Einrohrrahmen mit Scharniermechanismus, 20-Zoll-Laufräder und breite Niederdruckreifen. Ihr Fahrverhalten und gebrochene Scharniere brachten sie schnell in Verruf.

Das Comeback

Seit ein paar Jahren erleben die „Klappis“ ein Comeback. Ein Höhepunkt der Szene ist die alljährige Weltmeisterschaft. Ein altes 20-Zoll-Klapprad ohne Schaltung und mit Originallenker gehört ebenso zur Startbedingung wie der buschige Oberlippenbart (auch für die Frauen!). Die WM ist ein buntes, karnevaleskes Treiben. Schrille, schillernde 1970er-Jahre-Outfits sind ebenso beliebt wie Trachten, Männer in Miniröcken, Superman-Kostüme oder Schwimmflügel. Aber davon sollte man sich nicht täuschen lassen. Die Teilnehmer rasen mit 40 km/h und mehr über die Straße. Und auf der Bahn werden sie sogar noch schneller.

Wertsteigerung des Klappis

Seit die Klappräder der 1960er- und 70er-Jahre in den Städten Kult geworden sind, steigt ihr Preis. Gut erhaltene Modelle kosten inzwischen über 100 Euro. Zum Vergleich: Ein Klapprad des Fahrradherstellers Schauff kostete 1966 neu 160 DM.

Klappi-Weltmeisterschaft: Das schrille Aussehen täuscht. Die Fahrer sind extrem sportlich.

Kompaktrad

Klein, aber oho – ein Rad für die ganze Familie

90

Ihr Name ist Programm. Kompakträder bieten ihren Fahrern auf kleinem Raum viel Power und Fahrspaß. Es sind Unisex-Räder, die von fast allen Familienmitgliedern gefahren werden können. Kompakträder sind etwa 20 bis 30 Zentimeter kürzer als Trekkingräder. Mit ihren 20 Zoll großen Laufrädern fahren sich Kompakträder deutlich agiler als die großen 28-Zöller, jedenfalls, solange sie mit herkömmlichen Laufrädern ausgestattet sind. Momentan sind die voluminösen Ballonreifen modern. Sind die Velos damit bestückt, fahren sie sich merklich stabiler und sind auch komfortabler. Die dicken Pneus ersetzen quasi die Federgabel. Selbst auf holperigem Kopfsteinpflaster laufen die kleinen Laufräder sicher wie auf Schienen.

Ein Radpaket für den Kofferraum

Die One-Size-Größe der Kompakträder ist ein cleverer Schachzug der Hersteller. Die Rahmengröße passt zu Fahrern mit einer Körperlänge zwischen 150 und 190 Zentimetern. Das heißt: Kinder können die Räder ebenso nutzen wie Erwachsene. Damit sind Kompakträder perfekte Familienfahrzeuge. Der Wechsel zwischen den verschiedenen Größen ist mit Speedlifter-Vorbauten und Schnellspanner schnell und einfach möglich. Mit wenigen Handgriffen lässt sich die richtige Position einfach und ohne großen Kraftaufwand einstellen.

Für die kleinste Position werden die Faltpedale eingeklappt, Sattel und Lenker eingefahren und der Lenker kann auch noch eingeklappt werden. So passt das Radpaket bequem in den Kofferraum eines Kleinwagens oder platzsparend hinter die Büro- oder Wohnungstür. Das ist für viele Städter ein wichtiger Aspekt Denn mittlerweile leben fast drei Viertel aller Deutschen in der Stadt und Parkraum wird zum knappen Gut – selbst für Fahrräder. Häufig werden Räder deshalb im Hausflur oder auf Balkonen abgestellt. Viele Pendler haben Angst vor Fahrraddieben und wollen ihr Gefährt nicht auf dem Gehweg abstellen. Hier sind die Kompakträder extrem praktisch.

Inzwischen gibt es die meisten Kompakträder auch mit Motor. Die E-Version macht besonders viel Sinn. Denn so werden die Modelle zu flinken Flitzern. Aber auch ohne Motor sind sie aufgrund ihrer Rahmengeometrie stets ein Blickfang.

Kompakträder mit dicken Pneus sind selbst auf Kopfsteinpflaster bequem unterwegs.

Lastenrad

Transporter für Familien und Rad-Freaks

91

Das Lastenrad erlebt gerade ein Revival in den Städten. Eltern kutschieren damit ihre Kinder zur Kita, Handwerker bringen mit ihnen ihre Ausrüstung zum Kunden, und selbst Logistikunternehmen wie UPS in Hamburg und die Post in Frankfurt testen in Modellprojekten die Paketzustellung per Cargobike. Inzwischen gibt es Lastenräder für jeden Zweck – mit zwei, drei oder vier Rädern. Die Ladefläche ist wahlweise vor dem Lenker angebracht oder dahinter. Je nach Modell rollen die Räder locker mit 250 Kilogramm schwerer Fracht durch die Stadt.

Vorteile der Zwei- und Dreiräder

Privatleute, die zum ersten Mal Lastenrad fahren, tendieren anfangs eher zu dreirädrigen Modellen. Diese haben einen großen Vorteil: Sie können nicht umfallen, weder bei der Fahrt im Schneckentempo noch beim Ampelstopp. Deutlich komfortabler und auch schneller geht es jedoch auf zwei Rädern.

Wer noch nie auf einem Lastenrad gesessen hat, muss sich vor der ersten Fahrt etwas überwinden. Das Anfahren unter Last fordert die Beinmus-

In dieser Kabine ist der Fahrer jederzeit vor Wind und Regen geschützt.

Riese auf dem Radweg: Selbst mit der Transportbox ist das Gefährt noch ein Fahrrad.

kulatur. Rollt das Fahrzeug aber erst einmal, kommt man trotz der Zulast gut voran. Bedeutend leichter geht es allerdings mit Motor. Immer mehr Lastenräder gibt es inzwischen als E-Version. So ausgestattet, haben sie das Zeug, den Kleinwagen in der Stadt zu ersetzen.

Das Paket kommt per Cargobike

Einige Paketzusteller testen Lastenräder als Alternative zum Sprinter. Das hat einen Grund. Viele deutsche Städte stehen kurz vor dem Kollaps. Verkehr, Lärm, die CO2- und Feinstaubbelastung bringen sie an ihre Grenzen. Lastenräder können einen Teil des Güterverkehrs übernehmen. Laut einer Studie des Instituts für Verkehrsforschung des Deutschen Zentrums für Luft- und Raumfahrt könnten acht bis 23 Prozent der Warensendungen in Deutschland per Lastenrad zum Kunden gebracht werden.

Ende 2012 bereits startete UPS in Hamburg das Modellprojekt mit einem Containerstandort im Luxusviertel der Hamburger Innenstadt. Seitdem werden die Pakete dort morgens mit einem Container angeliefert und von dort per Lastenrad und Sackkarre zum Kunden gebracht.

Liegerad

92

Unverstellter Blick gen Himmel

Liegeräder sind bequem und schnell. Aber sie sind auch gewöhnungsbedürftig. Denn anders als auf herkömmlichen Rädern fehlt dem Liegeradfahrer der Überblick. Das kann im Stadtverkehr störend sein, auf einsamen Landstraßen garantiert die Sitzposition dagegen einen unverstellten Blick gen Himmel.

Die ersten Liegeradmodelle gab es bereits um 1890. Firmen wie Peugeot oder der französische Konstrukteur Charles Mochet bauten sehr erfolgreich verschiedene Liegeräder mit zwei und mehr Rädern. Und bald zeigte sich: Die Dinger sind verflixt schnell. Der Franzose Francis Fauré brach im Sommer 1933 mit Mochets sogenanntem Velocar einen fast 20 Jahre alten Stundenrekord. Aber der Sieg Faurés gefiel dem Internationalen Radsport-Verband UCI nicht. Man schloss die flachen Flitzer von allen offiziellen Rennen aus. Dennoch haben Liegeräder seitdem eine kleine Fangemeinde, die seit den 1980er-Jahren wächst. Es gibt die Bikes mit zwei und drei Rädern, die sogenannten „Trikes“.

Experten unterscheiden zwischen dem Kurzlieger und dem Langlieger. Der Kurzlieger ist etwa so lang wie ein gewöhnliches Fahrrad und das Tretlager ragt über das Vorderrad hinaus. Es ist sehr beliebt, da es aufgrund der kompakten Bauart sehr wendig ist. Beim Langlieger ragt das Vorderrad über das Tretlager hinaus.

Nischenprodukt: Für überzeugte Liegeradfahrer gibt es kein besseres Rad.

Die Kurzlieger sind unter den Liegeradfreunden extrem populär, weil sie sehr wendig sind.

Bequemes Bike zum Zurücklehnen

In der Ebene ist ein Liegerad unschlagbar schnell und sehr komfortabel. Der Fahrer sitzt bequem in einer Sitzschale und hat zudem eine Rückenlehne. Das ist eine extrem angenehme Sitzposition. Schmerzen im Schulter-, Po- oder Handbereich entfallen hier komplett. Liegeradfahren ist entspanntes Reisen … bis zum nächsten Berg. Dort ist der Unterschied zum herkömmlichen Rad aber deutlich spürbar. Denn hier hat der Fahrer nur eine Kraftquelle zur Verfügung: die Beine anstelle des ganzen Körpers. Allerdings entwickelt sich die nötige Beinmuskulatur für die Berge mit jeder Ausfahrt von ganz allein.

Mountainbike

Von nun an geht's bergab

93

Die Geschichte des Mountainbikens (MTB) begann Anfang der 1970er-Jahre in Kalifornien, als langhaarige junge Männer auf alten Beach-Cruisern ohne Schaltung und anderem überflüssigen Schnickschnack die Berge hinunterrasten. Hinauf wurde geschoben. Alles andere war mit den über 20 Kilogramm schweren Bikes auch nicht möglich.

Zu den Verrückten von damals gehörten Männer wie Joe Breeze, Gary Fisher, Charles Kelly und Tom Ritchey.[18] Sie gelten inzwischen in der Szene als Bike-Legenden, die das Mountainbike zu dem gemacht haben, was es heute ist: einem Sport für jeden, der gerne abseits ausgetretener Wege unterwegs ist. Mehr noch. Mountainbiken ist mittlerweile eine weltweite Industrie für Profis und Freizeitfahrer.[19] Für jeden Geschmack und jedes Leistungsniveau gibt es das passende Rad – vom Tourenfahrer, der gerne Strecke macht, bis hin zum Downhiller, der auf schmalen, verblockten Wegen über Wurzelpisten und natürliche Steinstufen talwärts rast.

Spaß im Bikepark: Hier gibt es eine Vielzahl von Routen für Einsteiger und Profis.

Bei Weltmeisterschaften gehören Steinetappen zum Pflichtprogramm des Parcours.

Olympische Disziplin: Mountainbiken

1981 brachte der amerikanische Radhersteller Specialized mit dem „Stumpjumper" das erste Serien-Mountainbike auf den Markt. Aus heutiger Sicht erinnert das Rad eher an ein einfaches Trekkingrad als an die Hightech-Geschosse, die heute im Wald unterwegs sind. Der „Stumpjumper" war noch komplett ungefedert. Heute gibt es das Full Suspension Bike, ein voll gefedertes MTB, das auch als „Fully" bezeichnet wird, sowie das Hardtail, dessen Rahmen mithilfe eine Vorderradgabel gedämpft wird. Das Fully ist aufgrund seiner Federung geländegängiger als das Hardtail, allerdings auch deutlich schwerer.

Seit 1990 werden Mountainbike-Weltmeisterschaften ausgetragen, und seit 1996 ist es zudem eine Olympische Disziplin. Die Deutsche Sabine Spitz gewann in Athen 2004 in der Disziplin Cross Country die Bronzemedaille und in Peking 2008 Gold. Beim Cross Country geht es mehrere Runden über einen kniffeligen Parcours mit Wald-, Feld-, Kies- und Wiesenpassagen und mehreren Steinetappen bergauf sowie bergab.

Pedersen

Rarität mit Sofaeigenschaften

94

Pedersen-Fahrer sind Menschenfreunde. Das müssen sie auch sein, wenn sie mit diesem Rad unterwegs sind. Denn neugierige Fragen und amüsierte Blicke begleiten jede Ausfahrt.

Pedersen-Räder sind anders. Ihr Aussehen erinnert sofort an die Anfänge des Radfahrens, als die Räder noch riesig waren und Fahrlehrer Anfänger tagelang trainierten. Damals war Radfahren noch ein Abenteuer und häufig eine recht unbequeme Angelegenheit. Das alles trifft auf ein Pedersen nicht zu … im Gegenteil: Pedersens sind extrem komfortabel. Allerdings müssen sich Einsteiger vor ihrer ersten Fahrt überwinden aufzusteigen. Denn das Rad wirkt unglaublich groß – ist es aber gar nicht. Die Rahmengeometrie täuscht die Größe nur vor. Kaum hat man sein Knie über dem Sattel, rutscht man schon in denselben und sitzt, und zwar ziemlich komfortabel, im weichen Ledersattel.

Gemütlicher Hängematten-Sattel

Der Sattel ist das Herzstück des Rades. Er ist mit drei Zügen abgespannt wie eine Hängematte. Um ihn herum hat sein Erfinder, der Däne Mikael Pedersen, Ende des 19. Jahrhunderts den auffälligen Rahmen gebaut. Für Liebhaber ist das Konstrukt aus 21 Dreiecken ein Schmuckstück. Die Rahmenform ist bei den klassischen Rädern bis heute erhalten geblieben, denn sie hat sich bewährt.

Liebevolle Verzierung: Pettersson aus der gleichnamigen Kinderbuchreihe ist mit an Bord.

Das 104 Jahre alte Dursley-Pedersen von Eye Beukemh ist schon fast ein Heiligtum.

Ausfahrt mit Pedersen-Freunden

Pedersens sind Raritäten. In Deutschland bekommt man sie beispielsweise in der Pedersen Manufaktur in Oldenburg im klassischen Design. Michael Kemper baut in der Nähe von Köln auch Rennversionen der historischen Räder. Einmal im Jahr kann man viele unterschiedliche in Aktion sehen. Denn dann treffen sich rund 100 Pedersen-Freunde in Norddeutschland in Bad Zwischenahn mit ihren Rädern zu einer gemeinsamen Ausfahrt.

Charakteristisch für Pedersen-Räder: Die Rahmenrohre bilden immer Dreiecke.

Reiserad

95

Stets ein Hauch von Abenteuer

2012 ging Tilmann Waldthaler in den Ruhestand. Damals hatte der Wahlaustralier bereits 430.000 Kilometer mit dem Rad zurückgelegt. 35 Jahre lang war er kreuz und quer über den Globus getourt, ist den Nil entlanggeradelt und den Äquator, einmal von Alaska nach Patagonien und von Norwegen nach Neuseeland.

Als er 1977 losfuhr, saß er auf einem klassischen Langstreckenrenner: einem Randonneur mit langem Radstand, verstärktem Rahmen und einem Rennlenker für verschiedene Griffpositionen. Damals musste er das Rad extra anfertigen lassen. Das ist heute nicht mehr nötig. Verschiedene Hersteller wie Velotraum oder Idworx bieten Räder an, die gleichermaßen für Flusstouren taugen wie für Himalaya-Abenteuer.

Küche, Bad und Schlafzimmer: In diesem Reiserad ist all das kompakt verstaut.

Radreisen halten stets Überraschungen bereit, etwa eine ungeplante Bootstour.

Unverwüstlich, einfach zu warten

Reiseräder sollen ewig halten, deshalb lohnen sich solide Komponenten. Lange Zeit war der Klassiker für Weltumradler die 14-Gang-Rohloff-Nabenschaltung, die als unverwüstlich gilt. Inzwischen hat sie Konkurrenz bekommen. Das Fahrradgetriebe von Pinion ist eine gute Alternative für extreme und lange Touren. Es verfügt über 18 Gänge und liegt mit einem Übersetzungsverhältnis von rund 630 Prozent auf dem Niveau von Profi-Mountainbikes. Wer viele Monate und in entlegenen Gegenden unterwegs ist, muss sein Rad notfalls selbst reparieren können. Deshalb ziehen sie Stahlrahmen Aluminium vor, da sie überall auf der Welt geschweißt werden können. Außerdem tendieren viele Extremradler zu mechanischen Scheiben- oder Felgenbremsen.

Langlebige Ledersättel gehören ebenfalls zur Grundausstattung. Sie haben allerdings einen großen Nachteil: Sie müssen erst 1000 Kilometer „eingeritten" werden. Kleine Extras wie der Idworx Stress Reducer erleichtern Reiseradlern den Alltag. Sie sind im Rahmen integriert und begrenzen den Lenkeinschlag. Das heißt: Selbst mit voll beladenen Low-Rider-Taschen am Vorderrad fällt das Rad beim Umschlagen des Lenkers niemals um.

Rennrad

Nur ein Hauch von Fahrrad

96

Rennradfahren ist ein bisschen wie fliegen. Die leichten Flitzer mit den schmalen Reifen sind die Rennwagen unter den Fahrrädern. Ihr Spielfeld ist die Straße. Je besser der Asphalt ist, umso mehr Spaß haben die Fahrer. Und davon gibt es viele. Rennradfahren ist Volkssport in vielen Ländern Europas. Allein in Deutschland treten jedes Jahr Hunderttausende Hobbysportler bei „Jedermännern" wie den Cyclassics in Hamburg an. Die Teilnehmer fahren zwischen 60 und 180 Kilometer durchs Hamburger Umland.

Aus allen Teilen der Welt reisen aber auch Männer wie Frauen nach Tirol, um beim Ötztaler Radmarathon morgens um 6.45 Uhr die Radschuhe in die Pedale zu klicken. Für die nächsten sieben bis 14 Stunden haben die Teilnehmer dann nur noch ein Ziel: Rennrad zu fahren, 228 Kilometer weit und währenddessen vier Alpenpässe zu überqueren. Wer es ins Ziel schafft, hat 5500 Höhenmeter bezwungen.

Auf 23 bis 28 Millimeter breiten Reifen rasen die Hobbysportler im Windschatten ihres Vordermanns im Pulk durch die Landschaft. Im Gebirge rasen manche mit bis zu 100 km/h die Pässe hinab. Dafür braucht man gute Nerven, eine ausgereifte Fahrtechnik und gute Bremsen. Scheibenbremsen sind inzwischen Standard, ebenso die Klickpedale. Sie verbinden den Schuh mit dem Pedal. Das gibt Sicherheit und sorgt für einen besseren Tritt. Rennräder sind mit unter zehn Kilogramm Leichtgewichte. Die Velos der Tour-de-France-Profis müssen mindestens 6,8 Kilogramm wiegen. Leichter kann man kaum unterwegs sein.

Entspannung pur für viele Fahrer: Auf schmalen Reifen durch die Landschaft gleiten.

Tandem, Triplet und Co.

97

Stretchlimousinen für zwei und mehr Fahrer

Tandemfahren ist Teamarbeit und ein Vergnügen für zwei und mehr Fahrer, sofern jeder auf der richtigen Position sitzt. Denn wo es langgeht, bestimmt auf den Mehrsitzern immer der Captain. Der sitzt vorne, schaltet, bremst und hat alles im Blick. Hinter ihm nehmen die „Stoker“ Platz, was so viel heißt wie „Heizer“. Sie sorgen für die Schubkraft, treten also kräftig in die Pedale. Das ist auf einem Tandem einfacher als auf einem herkömmlichen Rad, da sich der Luftwiderstand auf diesem Rad fast halbiert.

Tandem-Fahrräder, Triplets oder Quads gelten zu Recht als perfekte Familienräder. Denn sobald der Nachwuchs sicher im Sattel sitzt, können Tourenfahrer die Kleinen mitnehmen und per Kinderkurbelsatz mittreten lassen. Eingerahmt von den Eltern, befinden sie sich im Zentrum des Geschehens. Sie können während der Fahrt essen oder plaudern im Windschatten mit ihrem Vor- und Hintermann. Derweil kurbeln die Eltern ihr gewohntes Tempo. Aber auch für Paare oder Freunde mit größeren Leistungsunterschieden beziehungsweise für Menschen mit Sehbehinderungen sind Tandems perfekte Fahrzeuge. Die Mehrsitzer gibt es als Rennrad, Tourenrad oder auch als Mountainbike. Schwierig ist ihr Transport in S- oder Regionalbahnen oder gar im Auto. Eine gute Alternative ist daher die teilbare Variante des amerikanischen Herstellers Santana. Über verschiedene Kupplungen werden die Rohre miteinander verbunden. Das ist einfach, geht schnell und ist extrem stabil.

Tandems sind perfekte Familienkutschen. Die Kinder können mittreten und haben Spaß.

Tallbike

Radriese aus Resten

98

Tallbikes sind die Wolkenkratzer unter den Fahrrädern. Normalerweise werden für die Doppeldecker zwei alte Rahmen übereinandergeschweißt. Allerdings gibt es sie durchaus auch als mehrstöckige Radriesen. Das vermutlich höchste Fahrrad der Welt baute und fuhr der Amerikaner Richie Trimble 2013. Es heißt „Stoopid Tall" und ist etwa 4,5 Meter hoch.

Die Riesenräder sind bei Weitem keine neue Erfindung. Die ersten ihrer Art wurden von den Männern gefahren, die abends die Gaslampen in den Straßen anzündeten. Damals wie heute gab bzw. gibt es die Doppeldecker nicht von der Stange. In der Regel bauen sich ihre Besitzer ihre Bikes selbst aus zwei alten Rahmen zusammen, die sie an Gabel und Sattelstütze miteinander verschweißen. Zum einfacheren Aufsteigen bringen manche Fahrer kleine Aufsteiger im Rahmen an. Andere klettern den Rahmen hinauf oder stellen einen Fuß auf die Pedale, stoßen sich ab, und wenn das Rad rollt, schwingen sie sich in den Sattel.

Kultur Freak-Bike-Fahren

Sitzt man erst einmal, fährt sich das Tallbike wie ein normales Fahrrad. Mehr noch: Es ist deutlich stabiler, weil sein Trägheitsmoment höher ist – jedenfalls bis zum nächsten Halt. Für die Stopps brauchen seine Fahrer nämlich etwas Fantasie. Schließlich befinden sie sich auf der Höhe von Verkehrsschildern und Ampellichtern.

Anders als in Deutschland gehören die Tallbikes in Amerika in Städten wie Boston, Portland oder New York City bei Paraden oder Fahrraddemos seit Jahren zum Straßenbild. Tallbike-Fahren ist dort eine ganz eigene Kultur. Den Machern geht ums Recyceln von Fahrradteilen, ums Bauen der Bike-Mutanten und ums Spaß haben. Den hat man als Freak-Bike-Fahrer vor allem dann, wenn man in einer Gruppe fährt. Die Fahrer geben sich Spitznamen, kostümieren sich für die Ausfahrt und organisieren sich in Gangs, die SCUL, Black Label oder Cyclecide heißen. Was in Amerika vor etwa drei Jahrzehnten als Untergrundbewegung begann, ist längst in allen Bildungsschichten angekommen. Studenten, Professoren, Künstler und Büroangestellte sind bei den Ausfahrten auf Tallbikes dabei. Was sie antreibt, reicht von Kunst über Konsumkritik bis hin zur Forderung nach einer fahrradfreundlichen Verkehrspolitik in Amerika.

Der Doppeldecker besteht aus recycelten Schrotträdern und ist ziemlich stabil.

Trekkingrad

Ein Rad für alle Fälle

99

Das Trekkingrad ist die sportliche Variante des Cityrads, ein Allrounder, der gut in die Stadt passt, aber auch auf Radreisen mit wenig Gepäck eine gute Figur macht. Es ist der Liebling der Deutschen. Jedes dritte Bike, das 2016 aus dem Laden geschoben wurde, war ein Trekkingrad, auch Tourenrad genannt.

Bei der Schaltung bieten die Hersteller verschiedene Varianten von Ketten- und Nabenschaltungen an. Der wesentliche Unterschied ist, dass das Getriebe der Nabenschaltung im Gehäuse vor Verschmutzung geschützt ist. Dadurch ist der Verschleiß geringer. Typisch ist für diese Räder aber eigentlich die Kettenschaltung mit 18 oder mehr Gängen. Die ist zwar deutlich wartungsintensiver als Nabenschaltungen, dafür bietet sie dem Fahrer aber mehr Spielraum zwischen dem größten und dem kleinsten Gang. Für Bergfahrten kann der Fahrer eine niedrige Übersetzung wählen, um mit möglichst wenig Kraftaufwand weiterzukommen. Will er den Schwung bergab nutzen, wechselt er zu einer deutlich höheren Übersetzung, um nicht ins Leere zu treten. Diese Spreizung liegt bei Kettenschaltungen zwischen 400 und 500 Prozent, bei herkömmlichen Nabenschaltungen in etwa zwischen 200 und 300 Prozent.

Sportlich unterwegs. Der Lowrider am Vorderrad ist für kleine Packtaschen montiert.

Der Allrounder wird von den Herstellern serienmäßig StVO-konform ausgestattet.

Prima Packesel im Alltag

Tourenräder rollen meist auf 28-Zoll-Laufrädern. Ihre Mäntel sind leicht profiliert und eignen sich deshalb ebenso gut für Asphalt, wie für den Abstecher auf unbefestigte Wald- und Wiesenwege. Es gibt sie, je nach Vorliebe, gefedert oder ungefedert, mit geradem oder gebogenem Lenker.

Mit ihnen kann man jeden Tag zur Arbeit fahren, Wochenendtouren unternehmen, aber auch problemlos den Einkauf nach Hause bringen. Ein solider Gepäckträger gehört zur Serienausstattung. Die Rahmen sind meist so vorbereitet, dass mehrere Gepäckträger montiert werden können. Beispielsweise auch Lowrider, das sind kleine Packtaschen, die an der Gabel per Gepäckträger befestigt werden. Auf Radreisen oder beim Großeinkauf kann so das Gewicht gleichmäßiger verteilt werden. Das macht durchaus Sinn, damit das Rad auch beladen gut zu steuern ist und sicher zu bremsen. Denn Trekkingräder sind für deutlich geringere Zulasten ausgelegt als Reiseräder.

Die Räder sind immer verkehrssicher. Das heißt, ihre Hersteller statten sie mit allen Komponenten aus, die die Straßenverkehrsordnung vorschreibt – von der hell tönenden Klingel bis zum Reflektor am Pedal.

Trialbike

100 Die Stadt wird zum Spielplatz

Trial-Fahrer sind die Bike-Akrobaten der Szene. Sie machen sich die Welt zum Spielplatz. Mit ihren 20 bis 26 Zoll großen Rädern springen sie auf Metallzäune, hüpfen über Poller, balancieren über Eisenbahnbrücken und schlagen mit ihren Rädern Rückwärtssalti. Das Trialbike ist eine spezielle Spielart des Mountainbikes oder BMX-Rads. Typisch ist der fehlende Sattel oder nur angedeutete Sitz, der den Fahrer beim Tricksen im Stehen möglichst wenig stören soll. Die Räder haben in der Regel eine starre Gabel, oftmals nur einen Gang, aber sehr gute Bremsen, die sich fein dosieren lassen. Die geringe Rahmenhöhe ist ebenso auffällig wie der hohe, geschwungene Lenker, der es dem Fahrer leicht macht, das Vorderrad anzuheben. Die Stollenreifen werden mit niedrigem Luftdruck gefahren, um den Grip, also die Bodenhaftung, zu erhöhen. Ein Rammschutz unter dem Tretlager soll das Material schonen.

Trialbiken funktioniert überall. In der City auf Treppen, Geländern oder Hauswänden.

In der freien Natur geht es darum, zu balancieren und Hindernisse zu überwinden.

Spektakuläre Stunts im Sattel

Ein Held der Trial-Szene ist der Schotte Danny MacAskill. Sein YouTube-Video *Inspired Bicycles* hat ihn 2009 weltberühmt gemacht. Damals arbeitete er noch als Mechaniker in einem Bikeladen in Edinburgh. Ein Kumpel hatte den damals 24-Jährigen gefilmt, als dieser mit seinem Bike über Treppen und Bänke hüpfte, Dächer als Sprungrampe benutzte, Baumstämme hinauffuhr, um nach einem Rückwärtssalto wieder sicher auf zwei Rädern zu landen.

Eigentlich war der Film nur für die Trial-Community gedacht. Ihre Mitglieder tauschen die Aufnahmen ihrer Stunts über YouTube aus. Doch der fünf Minuten und 38 Sekunden lange Film löste eine Welle aus. Millionen sahen ihn an und MacAskill wurde innerhalb weniger Wochen ein weltweit bekannter Sportstar.

Der Schotte ist ein Ausnahmetalent unter den Rad-Artisten. Doch was bei ihm so leicht und unbeschwert wirkt, erfordert eine perfekte Körperbeherrschung sowie jahrelanges Training und ist mit vielen Stürzen und ständigen Wiederholungen verbunden. Inzwischen ist MacAskill ein Superstar seines Sports und hat Sponsoren wie RedBull.

Triathlonrad

101

Gestreckt durch den Windkanal flutschen

Triathlon-Räder sind gemacht für den Wettkampf. Wer mit ihnen auf die Straße geht, interessiert sich selten für die Landschaft. Die Fahrer wollen Strecke machen mit möglichst wenig Windwiderstand. Aerodyamik in Reinform – das ist der Anspruch an Zeitfahrräder, wie die Triathlonräder auch genannt werden. Denn anders als im Rennradsport ist bei Triathlon-Wettkämpfen das Windschattenfahren verboten. Die Teilnehmer müssen einen Mindestabstand von zehn Metern zum Vordermann einhalten.

Die Geschwindigkeit zählt

Typisch für die Zeitfahrräder ist der hornförmige Lenkeraufsatz. Ellenbogen und Arme des Fahrers ruhen auf dem Lenker und zeigen Richtung Vorderrad. Am vorderen Ende des Aufsatzes befinden sich die Schalthebel. In dieser Position kann ein Fahrer seinen Luftwiderstand im Extremfall um bis zu 40 Prozent reduzieren – im Vergleich zu einer guten Unterlenkerhaltung beim Rennrad.

Typischer Lenkeraufsatz, um den Luftwiderstand des Fahrers möglichst stark zu reduzieren.

Das Triathlonrad: Futuristisch im Aussehen, getrimmt auf Gewicht und Geschwindigkeit.

Triathlon wird immer beliebter

Die Lenkeraufsätze sind mit einem Trinksystem versehen. Der Sportradhersteller Canyon hat das System bei seinem Modell „Speedmax" perfektioniert. Die Trinkflasche ist in den Rahmen integriert. Ihre Form verschmilzt geradezu mit dem Rahmen. Man erkennt sie erst, wenn sie zum Befüllen abgenommen wird. Auffällig sind die Laufräder der Zeitfahrmaschinen. Klassiker sind handbreite Hochprofilfelgen, geschlossene Scheibenräder oder „Trispokes", also Laufräder mit drei Speichen.

Triathlonräder sind deutlich aerodynamischer als reine Rennräder. Allerdings müssen die Räder nicht nur schnell sein, sondern sollen auch die Muskulatur der Fahrer für das spätere Laufen schonen. Deshalb ist der Sitzrohrwinkel bei ihnen extrem steil. Typische Hersteller der Zeitfahrmaschinen sind unter anderem BMC, Canyon, Cervélo und Felt.

Der Triathlonsport hat sich in den vergangenen Jahren rasant entwickelt und wird auch in Deutschland immer beliebter. Die Zahl der Wettkampfteilnehmer ist von 2003 bis 2016 von 90.000 auf 270.000 gestiegen.[20] Besonders beliebt ist die Sportart bei Kindern, Jugendlichen und Frauen, die überdurchschnittlich oft in Vereinen trainieren. Bekanntester deutscher Triathlet ist Jan Frodeno. Er gewann 2008 bei den Olympischen Spielen in Peking die Goldmedaille und 2015 und 2016 die Ironman Weltmeisterschaft.

Quellenhinweise

1) Lessing, Hans-Erhard: „Karl Drais und das Zweiradprinzip – Würdigung eines genialen Erfinders“, in: Technoseum: „2 Räder – 200 Jahre Freiherr von Drais und die Geschichte des Fahrrades“, Theiss Verlag, 2016, S. 42–57

2) Twain, Mark: „Wie man das Hochrad zähmt“, 1884

3) Franke, Jutta: „Illustrierte Fahrrad-Geschichte“, Materialien Museum für Verkehr und Technik Berlin, 1987, S. 50–53

4) Ameda, Lars, Historiker und Mitglied im Altonaer Bicycle Club (ABC)

5) www.altonaer-bicycle-club.de/geschichte/index.html, abgerufen am 13.11.2017

6) https://www1.wdr.de/stichtag/stichtag7678.html, abgerufen am 15.12.2017 und http://www.telerama.fr/monde/1903-le-tour-de-france-en-selle-pour-la-legende,99543.php, abgerufen am 15.12.2017

7) Franke, Jutta: „Illustrierte Fahrrad-Geschichte“, Materialien Museum für Verkehr und Technik Berlin, 187, S. 66–75

8) www.adfc-nrw.de/projekte/still-leben-a40/das-laengste-fahrradmuseum-der-welt/station-3-geschichte-der-radwege/geschichte-der-radwege.html, abgerufen am 8.1.2018

9) Kratz, Lars: „Die Geschichte des Fahrrades und die Auswirkungen auf den Zeitgeist“, Diplomarbeit, 2001

10) www.triplepundit.com/special/business-of-biking/brief-history-cycling-denmark-netherlands, abgerufen am 30.11.2017

11) www.cyclesportcoaching.com/Files/HowToSpendMoney.pdf, abgerufen am 27.10.2017

12) Rother, Amalie: „Das Damenfahren", in: Salvisberg, Paul von (Hg.): „Der Radfahrsport in Bild und Wort", Academischer Verlag, München 1897, S. 111–113, zu lesen unter: https://digital.slub-dresden.de/werkansicht/dlf/189796/125/0

13) Rother, Amalie: „Das Damenfahren", in: Salvisberg, Paul von (Hg.): „Der Radfahrsport in Bild und Wort", Academischer Verlag, München 1897, S. 111–113, zu lesen unter: https://digital.slub-dresden.de/ werkansicht/dlf/189796/125/0

14) Bleckmann, Dörte: „Wehe, wenn sie losgelassen", in: Kutschera, Maxi: „Die Frau auf dem Fahrrad", Maxime Verlag, Gera/Leipzig 1998, S. 35

15) ADFC-Travelbike-Radreiseanalyse 2017

16) Michaely, Peter: „Alles Bonanza", Bike Bild 1/2016

17) www.faltraeder.com/faltrad/wissen-faltrad-geschichte-klapprad-historie, abgerufen am 21.09.2017

18) „Breezer No.1: das erste Mountainbike der Welt", www.bike-magazin.de/hintergruende/typen_portraet/portrait-einer-mountainbike-legende-joe-breeze/a2047.html, Tassilo Pritzl am 30.12.2008

19) Das große Mountainbike-WirrWarr, Bike Bild 1/2016

20) „Triathlon in Deutschland. Zahlen, Fakten, Hintergründe", Deutsche Triathlon Union, www.dtu-info.de/triathlon-in-zahlen.html, abgerufen am 14.09.2017

Bildnachweis

ABC, S. 19
ADFC, S. 31,32, 33, 147
Antonisse, Marcel/Anefo Copyright holder Nationaal Archief, S. 30
Béchard, Deni, S. 76,77
BikeCitizens, S.129
Bohle, Bernd, S. 42
Bosch, S. 124
BROOKS/Pier Maulini, S. 114, 115
Brunn, Ines, S. 80, 81
Cardena, Joan, S. 7
Carlsson, Peter, S. 65
Caspari, Asja, S. 144, 145
CurlyPictures, S. 112, 113
Cycling without age, S. 140, 141
Deutsches Museum2 Bestand Deutsches Museum Inventar Nr. 2017-400, S. 153
DISSING und WEITLING, S. 59 (2), 64 (Rasmus Hjortshoj)
DLR, S. 169
Eisen, Stefan, S. 150, 151
Ergon, S. 96, 97, 101 (3)
FollowMe, S. 85 o.
Garmin Deutschland, S. 134, 135, 136
Insect, S. 137 (2)
Isy, S. 167
John Johnston Photography, S. 163
Kleine-Möllhoff, Doro, S. 93, 95
KTM Fahrrad, S. 86, 90
mauritius images/Richard Nixon/Alamy, S. 152
Melde, Kai, S. 139
Mrozek, C., S. 52 li., 53
Müller, Patrik, S. 110
N55 & Till Wolfer, S. 126, 127
Nehls, Nadja, S. 111
Nextbike, S. 104
Özkaya, Izzet, S. 78, 79
P3/AGFS, S. 50
Petra Appelhof, S. 62 (2), 63
picture alliance/AP Image, S. 143
picture alliance/ullstein bild, S. 27
Pixabay, S. 43, 49 o., 103, 125, 170, 173, 185
Pressedienst Fahrrad: S. 116; 178 (Abus); 44 (biketec); 89 (Bruno Maul); 43 (Bumm);
39 u. (cosmicsports); 84 (Croozer); 157 (Felt); 23, 47 (2) 83 (GregorBresser); 119, 171 (hp velotechnik); 160 (Kay Tkatzik); 182 (Koga); 176 (Mathias Kutt); 56, 88, 92 (Ortlieb), 161 (Ortlieb/RussRoca); 186 (Paul Masukowitz); 118 (Riese und Müller); 172 (Roudi Wyhlidal); 98 (Selle_Royal); 38, 39 o. (Sportimport); 57 (Thomas Dietze); 99 (Vaude); 177 (velotraum); 183 (Winora)
Regionalverband Ruhr 2014, S. 51
Reidl, Andrea, S. 8, 17, 18, 35, 41, 43, 46, 48, 49 u., 66, 67, 68, 69, 91, 102, 107, 121, 131, 132, 147, 149, 149, 154, 155, 158, 159, 162, 168, 174, 175, 175, 179, 181, 184, 187
Reynolds, S. 24, 25
Richard Christensen, S. 29
Rüssmann, Peter, S. 2
Schwalbe, S. 36, 37
Searvogel, Kurt, S. 109
Siemens, S.133
SolaRoad Netherlands, S. 60, 61 (2)
Sram, S. 13, 22 (2), 45 (2)
Superpedestrian, S. 5, 122, 123
T.Y. Lin International, S. 71
Tahkola, Pekka, S. 73
Tout Terrain/Christoph Bayer, S. 85 u.
Upperbike, S. 105
Verhoeff, Bert/Anefo Nationaal Archief, S. 28
Volksentscheid Fahrrad/Norbert Michalke, S. 54, 55 (5)
Wagner, Friederike, S. 106
Walter, Marci, S. 6
Wikimedia Commons: S. 11 (3), 20, 21, 26, 70, 74, 75 (gemeinfrei); 14 (Peter Gnüchte); 15 (BreTho); 108 (PhilWebber) und Umschlagrückseite
WOOM, S. 87
World-Klapp, S. 165
Wuppertalbewegung, S. 52 re.

In gleicher Reihe erschienen ...

ISBN 978-3-95613-419-7

ISBN 978-3-86245-397-9

ISBN 978-3-95613-398-5

ISBN 978-3-86245-164-7

www.geramond.de

Impressum

Verantwortlich: Claudia Hohdorf
Layout und Satz: Silke Schüler
Repro: Cromika
Korrektorat: Anke Höhne
Einbandgestaltung: Ralph Hellberg
Herstellung: Anna Katavic
Printed in Italy by Printer Trento

Sind Sie mit diesem Titel zufrieden? Dann würden wir uns über Ihre Weiterempfehlung freuen.
Erzählen Sie es im Freundeskreis, berichten Sie Ihrem Buchhändler, oder bewerten Sie bei Ihrem nächsten Onlinekauf. Und wenn Sie Kritik, Korrekturen oder Aktualisierungen haben, freuen wir uns über Ihre Nachricht an GeraMond Verlag, Postfach 40 02 09, D-80702 München oder per E-Mail an lektorat@verlagshaus.de.

Unser komplettes Programm finden Sie unter 

Alle Angaben dieses Werkes wurden von der Autorin sorgfältig recherchiert und vom Verlag geprüft. Für die Richtigkeit der Angaben kann jedoch keine Haftung übernommen werden.

Bildnachweis Umschlag: Retrobike (Shutterstock/Popartic)

Die Deutsche Nationalbibliothek verzeichnet diese Publikation in der Deutschen Nationalbibliografie; detaillierte bibliografische Daten sind im Internet über http://dnb.d-nb.de abrufbar.

ISBN 978-3-95613-051-9